SAI

超级绘画技法

[日]晴朗牧场 编著

汤智勇 译

U0385773

辽宁科学技术出版社
沈阳

图书在版编目（CIP）数据

SAI超级绘画技法 / 日本晴朗牧场编著；汤智勇译. —沈
阳：辽宁科学技术出版社，2013.2（2019.10 重印）

ISBN 978-7-5381-7807-4

Ⅰ.①S⋯ Ⅱ.①日⋯ ②汤⋯ Ⅲ.①动画制作软件 Ⅳ.
①TP391.41

中国版本图书馆 CIP 数据核字（2012）第 297867 号

出版发行：辽宁科学技术出版社
　　　　　（地址：沈阳市和平区十一纬路29号　邮编：110003）
印　刷　者：辽宁新华印务有限公司
经　销　者：各地新华书店
幅面尺寸：170mm×240mm
印　　张：10
字　　数：100千字
出版时间：2013 年 2 月第 1 版
印刷时间：2019 年 10 月第 8 次印刷
责任编辑：宋纯智　朱悦玮
责任校对：栗　勇

书　　号：ISBN 978-7-5381-7807-4
定　　价：42.00 元

投稿热线：024-23284367
邮购热线：024-23284502
本书网址：www.lnkj.cn/uri.sh/7807

序言

人类对于"想画画"这种心情是从什么时候开始的呢？比如在法国著名的拉斯科洞窟里，就留存着从石器时代遗留下来，画着牛图案的壁画。不仅如此，在世界各地许多地方也发现了在几万年之前就留下的壁画。单从这点来看，"想画画"这种心情，从远古时代人类的祖先开始就一直没有发生过变化。

拉斯科洞窟的壁画是由树枝或者手指画出来的。和现代用电脑来作画相比，可以想象那是一件非常辛苦的事情。树枝演变成画笔，进而演变成通过数位板在电脑上作画，绘画的道具也随着历史的前进，在不断的进化，往更加便利的方向发展。

在过去，想要在电脑上进行专业的绘画需要价格昂贵的软件。但是近年来，随着高性能低价格软件的普及，谁都能轻松地进行绘画创作。特别是本书专门介绍的"Paint Tool SAI"，对于无法购买高价软件的用户以及众多的画师来说更是划时代的工具。

以"轻松的心情来舒适地作画"为目标而开发，通过数位板来作画时的舒适感，简单易懂的界面，便利的操作等等，SAI 的魅力让众多用户沉醉其中，作为廉价的绘画软件而深受大众喜爱。

SAI 的普及，让在电脑上进行专业的绘画成为了现实。对于那些想画画的人来说，这真是黄金时期啊。

但是，虽然拥有了 SAI 这样低价格高性能的道具，也有"想画画"的热情，然而想一开始就画好依然是困难的。无论是再便利的道具，也必须掌握基本的知识与技术才能使用。除了和传统绘画的技巧上共通的地方之外，SAI 也同样有自己的技巧。

本书收集了使用 SAI 制作的示例绘画作品及其作画过程的记录。除了 SAI 的基本操作技巧之外，还能了解自制材质追加等独特功能的使用技巧及活用方式。另外通过观察作画记录里画师们拘泥于哪些地方，可以学会如何更好地运用 SAI 来得到进步和提高。

这本书不仅会成为 SAI 初学者的参考，如果能对所有抱着"想画画"这种热情的 SAI 用户有所帮助的话，那将是我们的荣幸。

全体创作人员

CONTENTS 目录

素材插画：岛津钝器

阅读本书时的注意点

本书通过11位画师利用知名软件"Paint Tool SAI"绘制作品的过程为例，来讲解绘画的技巧和方法。每个例作，都是从草稿开始，对线条、上色、后期处理进行阶段性的讲解。让读者在理解绘画方法的同时，也对SAI的基本操作和画师们所经常使用的绘画技巧有所了解。

第1章的标题是"用SAI绘画人物"。无论是想画出现有角色，还是希望画出自己独创的人物，通过在这章中对绘画技巧和重点的学习就都能有所收获。

接下来在第2章"用SAI展现独特的世界观"中，介绍了作品构筑世界观时，如何设置重要背景和小物品。在这章中的3个例作，虽然每个作品使用的绘画方法不同，但是为了表现世界观时对细节的苛求却是相同的。

如何画出体现独特世界观的作品，这一点在第3章"用SAI画出幻想中的生物"也是同样的。在这章中可以看到画师是如何利用SAI的各种功能，来创作出异世界的生物。

在最后的第4章"用各种各样的技巧进行绘画"中，通过3个例作的绘画过程，对如何利用独特的技巧来画出独创的作品进行了讲解。

在阅读这些之后，就能了解画师们经常使用的工具及其作用。另一方面，每个画师各自独特的使用方法，也是很有参考价值的。让读者在掌握SAI的操作同时，也能发现最适合于自己的绘画方法。

各例作的最初一页上都展示了完成后的插画作品。在接下来的一页里，将对作画的重点或者草稿之类的前置阶段进行说明。在这之后就是对使用SAI进行作画时的主要流程的讲解。

在作画过程中的截图画面里，可以看到为了完成作品所需要使用到的工具，以及功能执行前后画面的比较。

在每个作品的最开头刊载的是最终完成后的作品。接下来的内容是按照描绘顺序对SAI的绘画技法进行讲解。绘

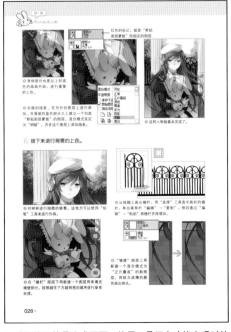

画过程使用的是完成画面、使用工具还有功能实现时的截图。

第1章

用 SAI 绘画人物

利用基本的操作和一些技巧来创作出富有魅力的角色

无论是谁都想画出"可爱"或者"帅气"的人物吧，那么这些人物究竟是如何画出来的呢？在第1章里，将线条输入电脑中，或者用SAI完成线条的绘制后，以上色、后期处理的基本技巧为中心进行讲解。在对快捷方式的活用，画笔工具和图层的设定等，一旦掌握之后使用起来非常便利的技巧进行说明的同时，也对人物的绘画方法进行解说。

※第1章"作品2"中介绍的作品。（作画：凌）

用 Paint Tool SAI 画出人物插画吧

在绘画投稿站点可以看到，用电脑所绘制的作品基本都是人物插画。说电脑绘画=人物的绘画也毫不为过。在开始对例作进行解说之前，先了解一些关于Paint Tool SAI和人物插画的相关知识吧。

在绘画之前先了解 SAI 的魅力！

SAI 是以追求在画板上进行绘画的感觉，并且以舒适的心情进行作画为目的而开发出来的绘画软件。因为同时具有较高的性能和简单的操作性，所以受到了从初学者到熟练画师的极大欢迎，成为了众多用户的选择。颜色的混色和渗透，笔刷形状的多样性等众多功能，都随着使用者的不同，而展现出不同的画风。在拥有便利操作性的同时也有着深奥的技巧，可谓是优秀的软件。

便于作画的功能
"抖动修正"能有效防止、减轻因为手抖对绘画所造成的影响。除此之外还可以对画面进行转动、放大缩小、左右翻转等操作。

颜色的选择·混合·自定义
在调色面板中，拥有"色轮""RGB滑块"，以及可以对色相·饱和度·亮度进行调整的"HSV滑块"，还有制作中间色时所使用的"灰度滑块"等各种工具，并且可以利用"自定义色盘"将调制好的颜色记录下来。

可以做出各种效果的图层功能
如果能熟练地使用图层的话，那么就可以更有效地进行绘画。许多熟练的画师会把人物和背景划分成若干部分，并按照每个部分底色的不同，将各个部分用图层进行分割，这样就能更有效地进行绘画。另外，通过对图层的混合模式进行设定，就能轻松做出各种效果，这也是SAI的长处之一。

丰富且便于使用的画笔工具
多种多样的画笔工具都集中在这里。再加上可以对画笔工具进行详细的设定，并且在工具栏里添加修改好的画笔工具。利用这些，就能创作出独特的画笔，满足各种用户的需求。

掌握如何画出可爱/帅气人物的要点！

各种角色千差万别。在各种插画·漫画·游戏中，从怪兽到机器人，有着各种各样的角色。

在这里，将专门对绘画人物角色时需要掌握的重点进行讲解。

● 绘画脸部时候的要点

和大人的脸比起来，婴儿和孩子的五官较为集中地分布在脸部。这个比例是所有可爱脸型的共通之处。因此，在画美少女等可爱角色的时候，都可以用幼小孩子的五官分布比例来进行绘画。

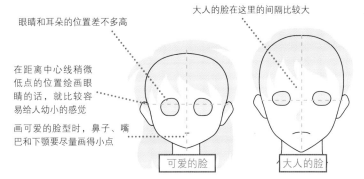

眼睛和耳朵的位置差不多高

大人的脸在这里的间隔比较大

在距离中心线稍微低点的位置绘画眼睛的话，就比较容易给人幼小的感觉

画可爱的脸型时，鼻子、嘴巴和下颚要尽量画得小点

可爱的脸　　大人的脸

● 华丽的眼睛

利用高光之类的效果画出华丽明亮的眼睛。受人欢迎的画师，大多数都有绘画眼睛的独特画法。因此请多留意这些眼睛的画法吧。

● 注意构图

构图所需要注意的地方就是"作品想要表现的重点在哪"。以最想引人注目的地方为中心，来构筑整幅图的布局。

右图实例是以脸部作为吸引视线的焦点来构图的。

后期处理决定人物的氛围

通过上色手法和颜色，或者其他各种效果，可以让作品在经过后期处理后发生很大的变化。而且，后期处理给人的印象也是人物最终给人的印象。

在绘画之前，要先考虑所要绘画的人物的个性之后，再考虑用何种方式进行绘画。

柔软的触感　　　　　　做出明亮感

1 用 SAI 给画在纸上的作品上色

绘画 / 文章：加奈特

将画在纸上的绘画作品输入到电脑中

在纸上利用笔画出的线条，通过扫描仪输入到电脑内。虽然各种扫描仪的设定都有所不同，但是为了不让灯光之类的多余的颜色也混杂其中，最好设定为"黑白"。被扫描的画像的像素随着用途的不同而有所不同，但是如果要作为同人志之类的印刷原稿的话，解析度最好在350dpi左右才比较合适。

❶ 用SAI打开扫描后的画像。如果线条之外有多余部分的话，可以使用"橡皮擦"工具消除。

❷ 在纸上给线条进行上色的时候，会遇到各种问题。但是扫描进电脑之后，线条以外的部分并不是"透明"的，而是呈现出"白色"。这样在线条的图层之下，只要新建立一个图层，然后即便在这个新建的图层上进行上色处理，也会因为上面图层"白色"的掩盖而看不见。

❸ 这时选择线条的图层，然后在菜单栏上选择"图层"→"亮度→透明度"，将白色的部分变透明。

白色部分变成涂上去可以看见的透明状态

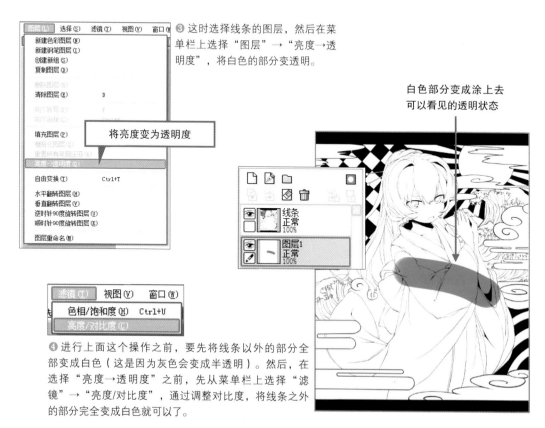

❹ 进行上面这个操作之前，要先将线条以外的部分全部变成白色（这是因为灰色会变成半透明）。然后，在选择"亮度→透明度"之前，先从菜单栏上选择"滤镜"→"亮度/对比度"，通过调整对比度，将线条之外的部分完全变成白色就可以了。

用 SAI 开始上色！

　　进入上底色阶段。在涂色之前，为了方便今后的作画，首先请按照以下步骤进行准备工作。在这个阶段要进行的准备就是，涂上"将人物的上色范围明显区分的底色"，以及为了"防止超出范围"，并且为今后便于修改而建立"各个部分的图层"。这里主要使用的工具是"魔棒"工具和"油漆桶"工具。那么就开始按照顺序进行讲解吧。

① 先从底色上色开始。为使今后的工作更轻松而建立"各个部分的图层"。

❶ 使用在色轮下方的"自动选择"工具。选定人物的范围。在这个时候需要注意的是，如果线条上的线条之间留有缝隙的话，会将人物之外的部分也选取进来。

❷ 线条之间的空隙可以使用"铅笔"笔刷来填补，之后再进行范围的选取。选取之后，用"油漆桶"工具填充选中的范围。

❸ 为了更有效率地进行上色，将各个上色部分分别建立图层。这次将头发底，肌肤底色，和服上半身，和服下半身分别建立成4个图层。

❹ 决定好大致的颜色之后，只要用"油漆桶"工具将颜色区分开就行。

② 人物的上色。用"水彩"工具，将颜色慢慢变浓。

❶ 在每个部分的图层上，再分别建立一个新图层。

❷ 在新建的图层上勾选"剪贴图层蒙板"。

❸ 在这个状态下进行上色的话，只会对下面图层描绘的部分有效。

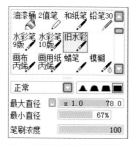

❹ 上色是以底色渐渐变浓的方式进行的。在这里，全部都是使用"旧水彩"笔刷来上色。

❺ 先给头发进行上色。将"油漆桶"工具涂上的颜色作为头发的高光部分。在新建的图层上将颜色慢慢加深，来突出高光部分。

❻ 以高光部分为中心，用逐渐加深的颜色来体现头发的立体感。

❼ 给眼睛和肌肤上色。用比底色稍微暗红一点的颜色来作为头发的阴影。给肌肤上色之后，在同一个图层内进行眼睛的上色。

❽ 眼睛的基本色是鲜红色。将亮度降低，提高饱和度之后可以得到新的红色。再将亮度调整到中等，降低饱和度得到另一种红色。然后只要用这三种红色进行上色即可。

鲜红色

饱和度提高的红色

再将饱和度降低的红色

❾为和服上色，首先用比底色更深点的颜色进行上色，来决定阴影的范围。

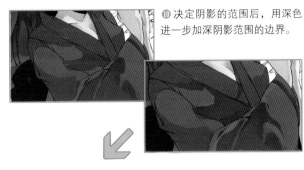

❿决定阴影的范围后，用深色进一步加深阴影范围的边界。

⓫最后处理时，需要给反光部分进行上色。这次用灰色来进行上色，但是在其他情况下需要根据周围景色来进行上色。尽量不要使用"模糊"工具，保留住"旧水彩"的效果是重点。

⓬上色完毕之后，观察整体，根据自己的喜好对颜色进行调整。从主菜单选择"滤镜"→"色彩/饱和度"，选定想要进行调整的图层，用滑块进行调整。这次调整的是和服部分。

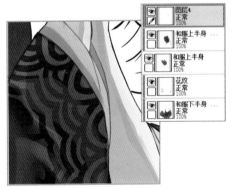

⓭因为和服上只有颜色的深浅而显得过于单调，于是在上面添加些花纹。在和服的上半身和下半身的上色图层上，各自建立新图层并勾选"剪贴图层蒙板"。

⓮在这里，为了保留下层服装的阴影，将混合模式更改为"正片叠底"，在这个状态下根据自己的喜好进行上色。

⓯基本上人物的上色就完成了。

③ 活用"蒙板"来对线条的颜色进行调整，融入画中。

❶ 在给人物上色之后，一边检查一边对线条的颜色进行调整。这是为了将线条感过于强烈的部分进行柔和处理。

❷ 在"线条"图层上，新建一个图层，并勾选"剪贴图层蒙板"。

❸ 在这个新图层上进行上色。用比上色时更深的颜色进行叠加，就会给人自然感。

④ 给背景上色，用"发光"图层对整体进行调整。

重点提示

以人物为主的绘画，不需要非常复杂的上色，基本上是用一种颜色进行加工处理。一边观察整体，一边寻找适合人物的颜色，直接用"油漆桶"工具填充。

❶ 人物上色完毕，接下来就对背景进行上色。上色前的基本步骤和对人物进行上色时一样，先分好图层，然后在这上面建立勾选了"剪贴图层蒙板"的图层，并在这些图层上进行涂色。

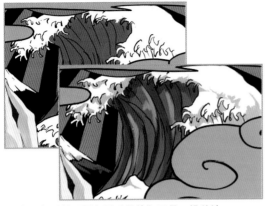

❷ 在上色后的图层上用"平笔"工具，沿着波浪画出阴影部分。

❸ 画出强烈波浪上的飞沫。这时，在新的"线条"图层上再新建一个图层，用"铅笔"工具将波浪的飞沫点出来。

❹ 云彩如果就这样加入画面的话会显得单调，因此加入些花纹（虽然也有使用纹理的方法，但是这次只用SAI进行作画，所以只使用SAI内的工具）。

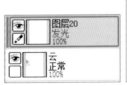

❺ 在给云朵上色的图层上再建立一个新图层并勾选"剪贴图层蒙板"，混合模式使用"发光"。"铅笔"工具的笔刷形状从"通常的圆形"更改为"扩散"，最大直径改为最大（500）。

❻ 在这个状态下进行上色的话，就能用笔刷的形状做出花纹。只要像画出小点那样轻轻地移动笔刷，就能将花纹添加上去。

❼ 最后进行全体的调整。在画板最上面的图层之上，再建立一个混合模式为"发光"图层。然后用"铅笔"等工具，将需要表现光照的部分涂上颜色。

❽ 使用"模糊"工具，将表现光照的颜色进行模糊处理。

作品完成！

❾ 对头发的高光的调整，也同样可以用"发光"图层加入光线，用"模糊"工具进行模糊处理。

❿ 调整到自己满意为止，这样作品就完成了

作品 2 居住在房屋中的少女（通过上色营造出透明感）

绘画 / 文章：凌

这里是重点！（绘画时需要掌握的技巧和要点）

这次的例作，是通过人物的上半身＋简单的背景这种构图，来解说用SAI进行绘画的过程。虽然作画的流程和一般的数码绘画很相近，但是在最后处理上，使用了图层的混合模式加入照明等各种效果。如何灵活运用图层来表现各种效果是这次的一个重点。虽然SAI不像Photoshop那种高价软件那样拥有大量的图片加工功能，但是通过各种技巧，利用SAI自身所拥有的功能也能表现出各种效果。随着图层效果的不同，画面最后的表现也会有所不同，所以请多进行些尝试吧。

画板的画面（作画时控制面板·窗口之类的配置）

将"颜色与工具面板"放置在左侧，"图层关联面板"放置在右侧。

虽然我因为怀念以前在绘画论坛的时期，而使用RGB滑块来调色。但是一般都是用较为简便的色轮进行调色。用HSV滑块，可以将RGB滑块所调制的颜色，在不改变色相的前提下，对饱和度和亮度进行调整。

●颜色与工具面板

在这个面板中有颜色面板，工具栏，工具参数设定，笔刷直径样本。

●图层关联面板

在这个面板中有导航器，图层管理面板，图层混合模式菜单。

在工具托盘的空白地方单击鼠标右键就可以添加自定义笔刷。分别制作出"线条用""上色用"这些经常使用的画笔会很方便。

因为面板可以通过"窗口"菜单进行调整，所以请根据自己的使用习惯进行设定。

● HSV 滑块和 RGB 滑块的显示 /
隐藏按钮

单击颜色面板上方的按钮，就能显示
和隐藏各个滑块

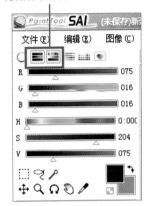

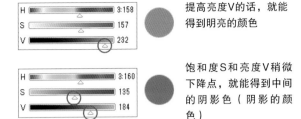

提高亮度V的话，就能
得到明亮的颜色

饱和度S和亮度V稍微
下降点，就能得到中间
的阴影色（阴影的颜
色）

饱和度S和亮度V再下
降的话，就能得到暗
影的颜色

所谓的HSV，就是对"H=色相""S=饱和度""V=亮度"3
个数值进行调整。比如说要想制作出阴影（阴影的颜色），
只要将S（饱和度）和V（亮度）的数值稍微调低就行。

考虑题材和构图开始作画！

① 首先将想要画的内容粗略地用线条（草图）画出来。

❶从"文件"菜单中选择"新建文件"，按
照宽度：240mm、高度：188mm、分辨率：
350pixel/inch进行设定。

❷开始绘画草稿。使用
"最大直径"20pixel左
右的"铅笔"工具进行
绘画。

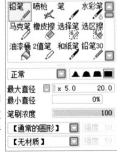

草图

❸决定好构图和姿势。这次最初只决定画女孩的上半
身，至于是何种服装，手上拿什么，背景如何等等这
些都在绘画时一边作画一边考虑。

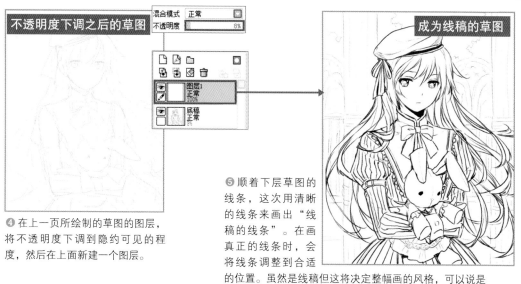

不透明度下调之后的草图

成为线稿的草图

混合模式	正常
不透明度	8%

⑤ 顺着下层草图的
线条，这次用清晰
的线条来画出"线
稿的线条"。在画
真正的线条时，会
将线条调整到合适
的位置。虽然是线稿但这将决定整幅画的风格，可以说是
最重要的一环吧。

④ 在上一页所绘制的草图的图层，
将不透明度下调到隐约可见的程
度，然后在上面新建一个图层。

② 参照前页所绘制的"线稿"，画出线条。

❶ 下调"线稿"图层的不透明度，在这之上建立
线条用的图层。将线稿的线条调整到隐约可见的程
度，便于看清画出的线条。

❹ 笔刷的"材质"是从网络上下载的。搜索
"SAI材质"之类的关键词可以搜索到发布材
质的站点。

❷ 绘画线条时可以将视图的
缩放倍率放大。如果感觉绘
画困难可以将视图旋转·翻
转。特别是使用翻转视图的
话可以确认绘画是否平衡。

❸ 使用变更过设定的"铅
笔"工具描绘线条。在SAI里
可以添加笔刷材质。

重点提示

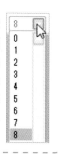

如果因为手的抖动而无
法画出准确的线条，可以调整
"抖动修正"。数值越大越能
降低手抖所造成的影响，但是
修正过大的话，会影响绘画的
准确性。所以请选择适合自己
的数值吧。

❺ 画头发有时候会超出范围。这种情况下，帽子可以在另外的图层上进行绘画，最后遮盖住超出的部分。

❻ 这就是完成之后的人物线条。因为分成了好几个图层，所以要将这些图层进行向下合拼成为一幅完整的画面。

❼ 因为认为这次的背景没有绘制线条的必要性，于是只画上了几根柱子。画线条时，根据笔压的变化，线条的粗细也会发生鲜明的改变，但是我经常画不出让自己满意的线条……

重点提示

牵出直线的方法

1. 选择画笔工具，然后单击直线的起点。
2. 按住"Shift"键并单击直线的终点。
这样就能很方便地牵出直线。

③ 为上色作准备。对各个部分的图层填充颜色。

❶ 为了将构成人物的图层和背景的图层区分开，建立图层组。

❷ 将"线条"的图层用鼠标拖入各自的图层组内。在这之后，虽然要制作很多图层，但是将图层放入图层组里，就能进行整体色调的改变，或者以图层组为单位追加效果等，便于进行各种操作。

❸ 进行各个部分的分割。在最下层建立新图层，并且填充能看清线条程度的黑色，将这个作为上色时候的背景。

❹ 这样做是为了在上浅色的时候可以看清上色的效果。

❺ 在线条下面建立一个新的图层。将这个图层放入和线条同一个图层组里。然后进行上色，上色时可以超出一点边界。

❼ 就像这样，即便没有周围的部分，给一个图层进行上色也是没有问题的。

❻ 用"橡皮擦"工具顺着线条将超出的部分清理掉。这时候可以将画面放大，小心翼翼地清除。

❽ 在给头发这种暗色上色的时候，将背景的颜色隐藏，沿着线条进行上色。这种方法比用"橡皮擦"消除背景黑色的方法，更能减少超出范围的部分。

❾ 各个部分填充好区分上色的颜色后，在每个图层上都勾选"锁定不透明度"。这样，就能让每个图层里不想上色的地方无法上色。

④ 从这里开始就进行为最后处理作准备的"底色上色阶段"。

❶ 将预留的草图显示出来，沿着线条涂上背景的绿色。

 铅笔

❷ 用"铅笔"工具不断地点出小点，将深色逐渐点出来。

❸ 最后，在两侧用"喷枪"工具涂上比画面最深的绿色稍微明亮些的颜色，用"模糊"工具进行模糊，来体现层次感。

❹ 接下来画出围墙和栅栏。背景图层组中的图层变成4个。

❺ 开始给人物上色。因为不需要在意细节，只要注意光线照射的方向就可以粗略地进行上色。重点是"用什么颜色""什么地方比较阴暗，什么地方比较明亮"，注意这些来考虑如何上色。

❼ 因为在这里总感觉颜色不够鲜明，于是在选中图层组的状态下，从菜单栏上选择"滤镜"→"亮度/对比度"来进行对比度的调整。

❻ 这样，整体的上色就结束了。

❽ 这样，就完成了上色。因为我在上色的时候对配色有所犹豫，所以为了决定最后完成时的颜色，需要在底色上色阶段就非常重视。

重点提示

通常上色时，按照底色·明亮·阴暗三种颜色进行上色。这之后只要将重叠的中间色用"吸管"工具吸取，就能当作其他颜色加入，因此无须使用太多的颜色。

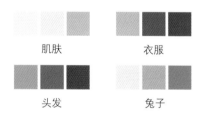

肌肤　　　　　　　衣服

头发　　　　　　　兔子

在上色过程中会经常用到"吸管"工具提取中间色。因此将压感笔的其中一个按键设定成"吸管"工具就会变得很方便。

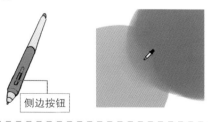

侧边按钮

·········· 关于涂色时所使用的画笔工具 ··········

● 马克笔

在这里将对涂色时所使用的画笔工具进行一些说明。SAI拥有多种多样的画笔工具，它们不仅拥有各自的用途，还能进行更加详细的设定。尝试制作出一些属于你自己的画笔吧。

下面的颜色会随着笔压的变化而改变，由笔压产生的触感让我个人感到非常满意。虽然最初因为不适应而很少使用，但是只要改变设定将会变成非常优秀的上色工具。给头发、服装的褶皱之类的地方上色时会经常使用到。

● 水彩笔

可以将颜色混合并且变模糊。是介于"涂色"和"模糊"之间的画笔工具。

● 水彩笔 10 版

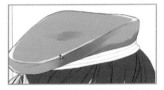

不会和下方的颜色出现太多的混合，可以涂出鲜明的色彩，属于触感较硬的画笔。在对细节上的高光进行处理时经常使用。

⑤ 终于到了最终上色阶段。首先对人物进行些加工吧。

另存为的底色稿

❶ 将前页上好底色的画面另存为其他文件名进行保存，当作调色板来使用。参照左侧的画像，用右边的源文件继续进行作画，这次需要仔细地进行上色了。

需要另存的画面 继续进行作画的源文件（肌肤用最明亮的颜色填充）

❷ 在用明亮的颜色填充肌肤之后，从上方开始用稍微深点的颜色进行加深处理。

❸ 从上好底色的画面中用"吸管"工具提取影子的颜色，用这颜色将影子涂上去。

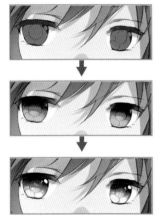

❹ 接下来是眼睛。按照阴暗部分→明亮部分的顺序进行上色，最后加上高光。

❺ 将头发一点点地进行修整。

用"吸管"工具提取肌肤颜色

❻ 在头发的图层上再新建一个图层，勾选"剪贴图层蒙板"。然后用"吸管"工具提取肌肤的颜色，再用"喷枪"工具给前发进行上色。

❼ 因为靠近肌肤的前发带点肤颜，这样看起来就好像肌肤在发光一样，给人一种透彻的感觉。

红色的标记，就是"剪贴图层蒙板"所指定的图层

❽ 身体部分也是从上好底色的画面开始，进行重复的上色。

❾ 衣服的线条，在另外的图层上进行添加。在服装的蓝色部分之上建立一个勾选"剪贴图层蒙板"的图层，混合模式设定为"明暗"，并在这个图层上添加线条。

❿ 这样人物就基本完成了。

⑥ 接下来进行背景的上色。

❶ 对树林进行细微的修整。这地方可以使用"铅笔"工具来进行作画。

❸ 在"栅栏"图层下再新建一个图层用来填充墙壁部分。按照越往下方越明亮的顺序进行渐变处理。

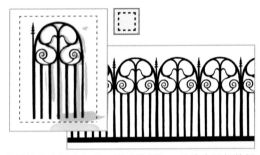

❷ 从线稿上画出栅栏。用"选择"工具选中画好的栅栏，单击菜单栏"编辑"→"复制"。然后通过"编辑"→"粘贴"将栅栏并排增加。

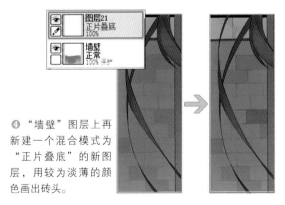

❹ "墙壁"图层上再新建一个混合模式为"正片叠底"的新图层，用较为淡薄的颜色画出砖头。

作品2

居住在房屋中的少女（通过上色营造出透明感）

❺ 在栅栏的边缘加上
白色的高光，这样就
能体现出立体感。

❻ 这样背景也完成了。

⑦ 虽然这样也可以算完成，但是还是希望通过最后的处理·调整，对细节进行修整。

❶ 首先对女孩的服装
进行修整。建立混合模
式为"滤色"的图层，
以画着服装的图层为蒙
板，在上面稍微添加点
光照效果。

❷ 然后在人物的"线条"图层上
建立新图层，特别是明亮的地方，
用"喷枪"工具将各自的颜色涂上
去。再用"模糊"工具进行模糊化
就能给人柔和的感觉。

模糊

用SAI绘画人物

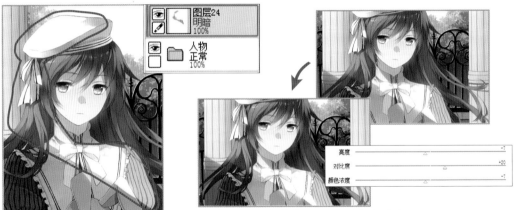

❸ 这次想更加强调光和影的差异，因此进一步突出了光照效果。新建一个混合模式为"明暗"的图层，并将整个图层组作为蒙板。在这个图层上，给红色线条内的部分涂上明亮适度的颜色。

❹ 希望头发更加鲜明，于是用"亮度/对比度"进行调整。

❺ 给树林空余的地方加入光照效果。这里也使用"明暗"图层，将图层的不透明度下调到明亮适度的程度。

❻ 背景的光线所照射到的部分全部用"明暗"图层增加明亮程度。为了让被光线所照射的柱子看起来有光亮感，在这里建立新图层进行上色。"正常"图层的话就像图1那样表示。

❼ 感觉差不多结束上色，但是还差一点。在混合模式"滤色"的图层上，给人物添加暗绿或暗红之类的"带有色差"的颜色。

❽ "正常"图层时是这样显示的。

⑨ 进入最后的修正。在最上层建立新图层（混合模式选择正常），对眼睛和嘴角之类的细节进行修正。

⑩ 作为最后处理的习惯，在下面添加喜欢的颜色来添加层次感。

⑪ 和底色图放在一起进行比较的话，就能感觉到细节和气氛的差异。

用SAI绘画人物

⑫ 这样就结束了所有的调整。作品完成！辛苦了！

作品完成！

重点提示

在混合模式不同的图层上，所表现出的颜色和绘画时所用的颜色有所不同。因此，如果不习惯的话就无法判断该上什么颜色好。这时候，首先用感觉进行上色，然后从"滤镜"菜单中选择"色调/饱和度"进行调整就可以了。

另外，如果使用在这次作画中没有用到的"正片叠底""发光""阴影""覆盖"等混合模式进行组合的话，还能有更加丰富的表现力。

作品

3 考虑透视，画出坐在秋千上的女孩

绘画 / 文章：日向阿兹利

这里是重点！（绘画时需要掌握的技巧和要点）

使用 SAI 的基本性能来绘画人物。在绘画人物的同时，一边对绘画的一般步骤进行讲解，一边对提高绘画效率的要点进行说明，希望这样就能详细地解说整个绘画过程。

虽然 SAI 是免费的，但是其自身的功能足够用来完成作画，是一款非常优秀软件。不仅拥有良好的反应速度，还能轻松地进行自我改造是其魅力所在。

希望这个解说能够在各位用 SAI 进行绘画时有所帮助。

绘画前的准备（画笔的改造）

为了便于绘画，在画笔工具栏里进行设定，改造画笔。

在这里介绍几个我经常使用的快捷键和画笔工具的设定。

●改造后的画笔工具

"数码水彩"
主要用来上色时使用的画笔工具。只要加强笔压就能涂出鲜明的"深色"，减轻笔压就能画出模糊的"浅色"，是非常有意思的绘画工具。

"带有铅笔的质感"
用于绘制线条或者草稿的画笔工具。因为笔刷带有材质的缘故，因此能画出和现实中的铅笔一样效果的线条。

"铅笔"
SAI初始所配置的画笔工具之中，最经常使用的就是"铅笔"。想画出清晰的线条时经常用到。

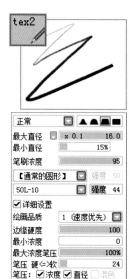

●灵活运用快捷键！

使用快捷键，可以让作画更有效率的进行。在SAI中可以对快捷键进行设定，调整到适合自己方便使用的状态。推荐将常用操作设定为快捷操作，因为这样可以让作画的效率得到很大的提升。快捷键的设定可以在"其他"→"快捷键设置"，或者双击"铅笔"之类的工具里进行设置。

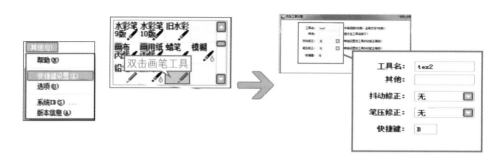

●常用快捷键一览

变更	tex2 "铅笔tex2"工具 ※改造之后的画笔工具	B	默认设置是"喷枪"。在这里我变更成了这个自制的画笔工具。在画线条和草稿时经常使用
初期	橡皮擦 "橡皮擦"工具	E	和默认设置时是一样的
变更	数码 "数码水彩"工具	N	从默认设置"铅笔"更改为"数码水彩"。上色的时候使用
	"魔棒"工具	W	自己新建的快捷方式。可以点击鼠标自动选中范围
	"吸管"工具	Alt+鼠标左键	可以将画板上的颜色提取出来。单击右键也有相同的效果。上色时候必须使用的工具
	"抓手"工具	按住空格拖动鼠标	可以让画面往希望作画的部分移动
初期	水平翻转视图	H	确认画面是否平衡时使用
	旋转视图	Alt+空格	在按住的状态下拖动鼠标就能旋转视图
	自由变换	Ctrl+T	可以将选中的部分变形。用于快速修正平衡时使用
	撤销	Ctrl+Z	出现错误时可以返回上一步
	重做	Ctrl+Y	撤销过度的时候可以返回
	保存	Ctrl+S	将文件进行保存。这样即便SAI因为异常导致关闭也没有影响

※ "变更"：自己设置的快捷键。 "初期"：初期状态的快捷键。

考虑题材和构图开始作画！

先构筑整幅画的基盘。想象在草图中应该画出何种图形，并以此为依据一边调整平衡一边绘画。这是一幅画的构图和构成的重要步骤。

① 用草图来决定构图，在这之后，一边画出线稿一边对细节进行设定。

❶ 用"文件"→"新建文件"来建立新画板。

❷ 考虑实际的使用情况，对画面的大小和分辨率进行设定。

❸ 希望人物占据整幅画的大部分位置，根据这个构思用"铅笔tex2"工具（"最大直径"16）进行作画。

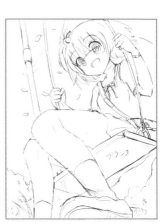

❹ 在这个时候无须过于考虑平衡，只要抱着"想画出这样的画！"的心情进行绘画，自然而然就能得到活生生的构图。

❺ 为了预先掌握完成之后的状态，在"草稿"图层之下再建立一个新的图层，用"数码水彩"工具进行大致的上色。

重点提示

人物也有透视效果。虽然过于追求透视效果的话会让画面变得很生硬，但是一定程度上注意消失点之类的，可以让画显得更加真实。

因为这次是低视角的画，在眼前的双腿显得比较大，越到后方显得越小。在绘画的时候要特别注意。

❼ 将上一页"上色"的图层废除,在"草稿"图层上新建一个图层并命名为"线稿",一边修正平衡一边用更精细的线条作画。

❽ 作画时经常用"水平翻转视图"来确认是否平衡。在这个阶段设计出服装上的装饰和小物件。

❻ 参照草稿画出线稿。由于草稿的线条会对作画造成影响,因此要将"草稿"图层的不透明度降低。

❾ 线稿完成了。头发的发饰是草莓形状的,秋千是木制之类的将一部分的设定进行了改变。

② 线条(注意越靠近眼前东西越大越精细,越是远离的物品越小越模糊)。

❶ 将"草稿"图层删除,做出"线条头发""线条脸""线条主画面""线条背景"4个图层。用一个图层进行绘画也可以,但是为了方便今后的修改还是推荐将各个部分分开比较好。

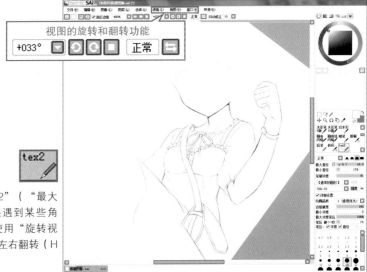

❷ 线条的粗细用"铅笔tex2"("最大直径"9)进行绘画。如果遇到某些角度不便于绘画之时,可以使用"旋转视图(Alt+空格键)"或者"左右翻转(H键)"来改变角度。

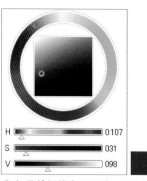

H	0:107
S	031
V	098

❸ 如果希望线条更柔和，可以不用黑色，而是用带点茶色的黑色进行作画。

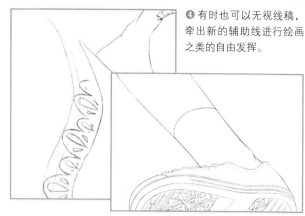

❹ 有时也可以无视线稿，牵出新的辅助线进行绘画之类的自由发挥。

❺ 在画近处的部分时，要画得更大更粗，并且尽量精细地进行绘画。用"最大直径"为12的画笔工具来画近处的脚部。

线条 头发
正常
100%

线条 脸
正常
100%

线条 主画面
正常
100%

线条 背景
正常
100%

底稿
正常
10%

❻ 脸部需要修整的地方很多，因此要将线条用图层区分开，方便今后的修整。

❼ 分开图层之后，超出头发部分的线条就更容易消除了。

❽ 线条的图层构成用颜色来进行清晰的区分的话，大概是这样的。

❾ 线条完成了。

③ 区分图层（根据每个部分做出图层，并且用底色区分开，这样就能在正式上色时更有效率）。

❷ 将"魔棒"工具的"选区抽取来源"设定为"可见图像"，这样就可以检测出画像原来的线条，因此即便分开了的线条图层也能作为选择范围进行选定。

❸ 使用"魔棒"工具，选定上色的部分。因为脸部的轮廓线在很多时候对选定造成影响，所以在分开图层的阶段暂时将脸部的图层进行了隐藏。

❶ 分开图层时所使用的主要工具是"魔棒"工具和"选择笔"。

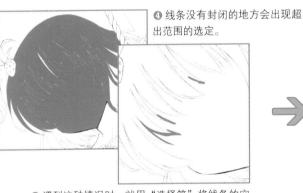

❹ 线条没有封闭的地方会出现超出范围的选定。

❺ 遇到这种情况时，就用"选择笔"将线条的空隙填补之后，再用"魔棒"工具进行选择。也可以直接对线条进行填补。

❻ 选取部分都没有超出范围。

❼ 选中之后点击"选择"→"扩大选区1像素"。这样线条和选区范围之间就不会有空隙了。

扩大选区1像素前

扩大选区1像素后

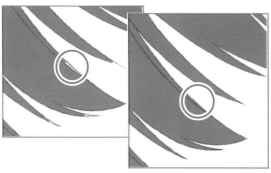

⑧ 使用"魔棒"工具进行范围选取的话，像头发的发梢部分那样的细节部分是无法检测到的。选择不到的地方使用"选择笔"，用手绘的方式来进行选取。

⑨ 头发部分全部选取完毕。

双击图层就能命名了

⑩ 新建一个"正常"图层，并双击这个新建图层，将图层名称命名为"头发"。

⑪ 选中"头发"图层之后，使用"油漆桶"工具填充颜色，再解除选取状态（Ctrl+D）。这样就能区分出头发的图层。因为颜色可以在之后进行变更，于是这里使用暂时的颜色进行涂色。

⑫ 重复这些步骤，就能将每个部分用图层区分开。

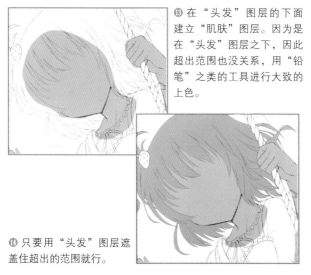

⑬ 在"头发"图层的下面建立"肌肤"图层。因为是在"头发"图层之下，因此超出范围也没关系，用"铅笔"之类的工具进行大致的上色。

⑭ 只要用"头发"图层遮盖住超出的范围就行。

⑮ 图层的区分就结束了。

人物

- 人物 正常 100%
- 线条 头发 正常 100%
- 线条 脸 正常 100%
- 线条 主画面 正常 100%
- 草莓 绿 正常 100%
- 草莓 红 正常 100%
- 草莓 种子 正常 100%
- 头发 正常 100%
- 书包 金属 正常 100%
- 书包 薄 正常 100%
- 书包 1 正常 100%
- 连衣裙 正常 100%

- 连衣裙 白 正常 100%
- 衬衫 正常 100%
- 袜子 正常 100%
- 手表 金属 正常 100%
- 手表 表带 正常 100%
- 手表 白 正常 100%
- 肌肤 正常 100%
- 鞋 金属 正常 100%
- 鞋 红 正常 100%
- 鞋 黑 正常 100%
- 鞋 白 正常 100%
- 鞋 茶 正常 100%

秋千

- 秋千 正常 100%
- 线条 背景 正常 100%
- 秋千 绳 正常 100%
- 秋千 木 正常 100%
- 秋千 后方 正常 100%

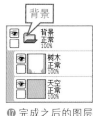

背景

- 背景 正常 100%
- 树木 正常 100%
- 天空 正常 100%

⑯ 分好图层之后，单击"新建图层组"的图标。分别建立"人物""秋千""背景"的图层组，将图层放入各自的图层组内。

⑰ 完成之后的图层构成是这样的。

④ 正式上色：其一（首先给人物的脸部进行上色）。

❶ 在上色前，线条图层的混合模式全部变更为"正片叠底"。这样无论使用多深的颜色，也不会随着阴影的加深而让线条变淡薄。

❷ 在图层上勾选"保护不透明度"。这样上色就不会超出范围。

"锁定"的表示

❸ 给肌肤上色。因为勾选了"锁定不透明度"，因此无须担心超出范围的上色。首先将肌肤全部涂上基本的底色。

用SAI绘画人物

❹ 在决定好光源为左上角的情况下，一边想象阴影的范围一边描绘。相对于底色的淡黄色，加入带点红色的影子就能变成女孩子柔和的肤色

❺ 使用"数码水彩"，用较为强力的笔压进行粗略的上色。

数码

一边注意光源一边涂上影子

光

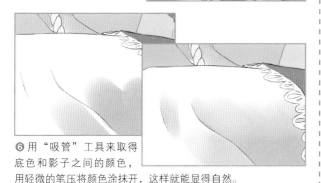

❻ 用"吸管"工具来取得底色和影子之间的颜色，用轻微的笔压将颜色涂抹开，这样就能显得自然。

重点提示

● 关于上色的方法

选择颜色时可以使用色轮进行调色。影子的颜色并不只是降低亮度，对色相也进行调整的话可以让效果更丰富。一般情况下，将色轮往冷色系移动的话会显得比较暗。

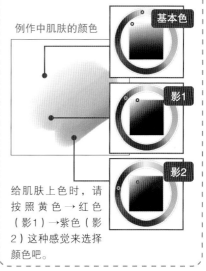

例作中肌肤的颜色

基本色

影1

影2

给肌肤上色时，请按照黄色→红色（影1）→紫色（影2）这种感觉来选择颜色吧。

❼ 女孩的脸会因为立体感过于突出而显得不够可爱，所以在不过于追求立体感的前提下，做出影子投射的效果。

❽ 发挥出"数码水彩"画笔的特性，用强力的笔压大致画出阴影深厚的地方，再用轻微的笔压进行模糊处理。虽然用"模糊"工具也可以，但是对于喜欢留手绘感的人推荐使用"水彩笔"之类的工具进行上色。

影1

影2

脸颊的胭红

⑩ 画瞳孔时，为了看起来显得更加自然，用画笔工具将瞳孔和周围融为一体。

⑨ 接下来给眼睛上色。在肌肤图层上直接进行作画。画好白目之后，给瞳孔上色。按照从上到下的顺序添加渐变层次。这些全部是用"数码水彩"工具进行作画。

⑪ 虹膜的下部分处理明亮些。

⑫ 将光泽和反射两种高光添加上去。在线条的图层上做出两个新图层，并且各自以"高光1"图层和"高光2"图层来命名。

⑬ 在"高光1"图层上用设定为"无材质"的"铅笔"工具画出高光，"高光2"图层用"铅笔"工具描绘出反射光。

高光

反射光

⑭ 将"高光2"的透明度下调到60%，然后将反射光从下方开始用"橡皮擦"轻轻地弄淡，弄模糊。

⑮ 设定"橡皮擦"工具的笔尖形状后，就可以进行模糊处理了。

⑯ 嘴巴和眼睛一样，直接在肌肤图层上上色。除此之外，阴影色之类的使用"画笔"工具进行修整，这样脸部就完成了。

⑤ 正式上色：其二（给头发肌肤上色，完成人物的上色）。

❷ 将阴影模糊，加深，并添加高光部分。修整好细节之后，肌肤的上色就完成了。

❸ 对于所使用的"画笔"工具，没什么特别需要注意的地方。使用的全是"数码水彩"工具。

❶ 将脸部之外的肌肤也画上。首先画出大致的阴影部分。

❹ 用相同的方法给头发也涂上颜色。只要注意头发的走向就行。

❺ 粗略地画上阴影，顺着头发的流向将影子消减或者补足。

❻ 顺着头发的流向添加高光。

铅笔

❼ 在最上面的图层上新建一个图层，并且命名为"头发-补足"。用"铅笔"工具（最大直径2~3）将细发画上，这样就完成了头发的描绘。

重点提示

●给人物上色的顺序

（1）底色

（2）粗略的阴影

（3）加深阴影

（4）整体的高光处理

（5）细节的描绘，完成

像这样，绘画时基本上只要使用"数码水彩"就能完成。使用这样的特殊工具，就可以在无须其他加工的情况下，利用画笔本身的性能和调色，就能画出光、影、质感等各种效果。

⑥ 正式上色：其三（使用"剪贴图层蒙板"给服装添加花纹）。

❷在"格子黑竖"图层上用不带材质的"铅笔"工具牵出黑线。

❶在"连衣裙"图层上建立"格子黑竖""格子黑横""格子白竖""格子白横"这几个图层。并且将"连衣裙"图层作为图层蒙板，不透明度下调至50%。

❸然后另一个方向的黑色花纹，也用同样的方法在"格子黑横"图层上画出。

❹ 这次在"格子白竖""格子白横"上画出细细的白线，在"格子黑竖""格子黑横"上也添加细线。

❺ 因为感觉花纹有点厚重，这里将图层的不透明度从50%降低到43%。

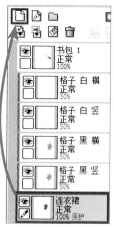

❻ 为了在花纹上画出阴影，用鼠标将"连衣裙"图层拖到"新建图层"按钮上，复制出新图层。

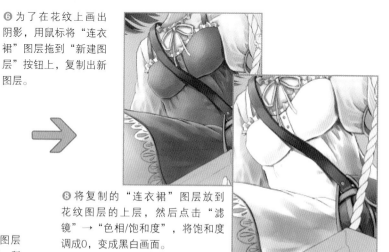

❼ 因为复制的"连衣裙"图层依然将下面的图层作为蒙板，所以勾掉"剪贴图层蒙板"。

❽ 将复制的"连衣裙"图层放到花纹图层的上层，然后点击"滤镜"→"色相/饱和度"，将饱和度调成0，变成黑白画面。

❾ 因为只需要阴影部分的范围，点击"滤镜"→"亮度/对比度"进行调整，将阴影之外的部分变成白色。

❿ 按住"Ctrl"键和"Shift"键，用鼠标逐个点击4个花纹图层的缩略图，做出选择范围。在黑白"连衣裙"图层上，点击"新建图层蒙板"。

⓫ 这样，只有画有花纹的部分才会留下阴影。

⑫黑白"连衣裙"图层的混合模式选择"正片叠底"，给花纹加上阴影。

⑬这样人物的主要上色就完成了。

⑦ 正式上色：其四（秋千、背景的上色）。

❷天空过于单调，因此在"天空"图层上建立"云朵"图层，用"铅笔"进行大致的绘画。

❶用大直径的"铅笔"工具，将各个背景图层进行大致的上色。上色时虽然影子的添加方法和质感很重要，但是比起这个更重要的是对整体颜色的把握。

❸秋千的木头部分，要留意质感和木纹进行上色。将笔刷的粗细和笔压进行调整，用"数码水彩"工具进行绘画。

❹在后方的秋千支架上，混带点天空的颜色就能表现出远近感。

❺接下来将远处的景物画上。留意树木、枝叶的层次和光照部分的明亮，非光照部分的阴暗进行绘画。

❻画枝叶时，使用"数码水彩"和不带有材质的"铅笔"，一边注意层次感一边进行绘画。

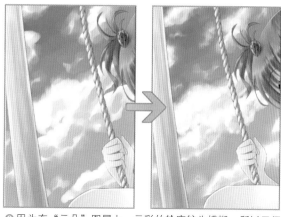

❼最后，在"树木"图层上再新建一个图层，并勾选"剪切图层蒙板"。上半部分用天空的颜色涂出"空气层"，下半部分添加阴影突出"立体感"。

❽因为在"云朵"图层上，云彩的轮廓较为模糊，所以无须勾选"锁定不透明度"，直接画出云彩和天空混合的样子。因为云彩也有立体感，要考虑光线照射的方向来进行上色。

❾因为最远处树木的线条破坏了远近感，于是改变了线条的颜色。

❿在图层的最上层建立名为"树叶"的图层，用不带有材质的"铅笔"工具画出飞舞的落叶，这样背景的上色就完成了。

⑧ 最后处理（对各部分的色调进行调整，并加入光照之类的效果，完成整幅作品）。

❶进行各图层的颜色修正。用"滤镜"→"色相/饱和度"以及"亮度/对比度"，根据整幅画的整体对每个部分进行调整。

❷稍微提升了对比度。

太阳光

❸在最上层新建3个图层，画出阳光。

❹新建的3个图层的混合模式都选择"滤色"，透明度下调至70%，用"模糊"工具进行模糊化。

眩光

❻ 做出辉光效果（向周围发出微弱光线的效果）。在新建图层上用"喷枪"画出淡黄色的光。

❺ 再将眩光的不透明度调整到50%，混合模式用"滤色"重叠上去。

不透明度　　　　　20%

❼ 给人物和秋千添加辉光效果

❽ 这样看起来辉光效果过强，因此将图层的不透明度降低至20%。

❾ 飞舞的落叶也添加辉光效果。

混合模式　明暗
不透明度　　　　50%

❿ 为了让落叶的辉光效果也带有光照感，因此混合模式选择"明暗"，让叶子更加闪耀。为了和整幅画融为一体，将不透明度调整至50%。

作品完成！

⓫ 合拼图层，用"滤镜"→"亮度/对比度"或者"色相/饱和度"进行最终调整，整幅画就完成了。

第2章

用 SAI 展现独特的世界观

用背景和小物件来体现作品的世界观

能感受到奇异世界风格魅力的风景，拥有故事性的场景……独特的世界观可以加深作品的深度。支撑世界观单靠人物是不够的，背景和小物件也是相当重要的。只要将这些画好，就能更加突出人物和世界观，让作品更加生动。

※第2章"作品1"所介绍的作品。（作画：萨摩）

作品

1 探求的沙漏（画出故事中的某个场景）

绘画 / 文章：萨摩

这里是重点！（绘画时需要掌握的技巧和要点）

在这幅画里，像秘密基地一样的旧货店中，迎来了关系很好的三人组的到访。当发现到一直寻找的沙漏时，女孩那种高兴得快要哭出来的心情，与眼前的物品相会时候的感动，和好像要流出口水的那种"一定要得到！"的姿势。这些，都用夸张的手法表现出来。

用"铅笔"工具填充颜色，用笔刷浓度较低的"水彩笔"工具进行带有模糊效果的上色。为了体现那种怀旧的温馨感，画线条时使用的是"自动铅笔"工具，着色时也以"橙色""茶色""紫色"之类的让人感到温馨的颜色为主。

用SAI展现独特的世界观

考虑题材和构图开始作画！

① 下载笔刷和材质，为作画作准备。

❶ 使用从http://www3.atwiki.jp/sai/中的"素材库"下载的笔刷形状"自动铅笔2"和笔刷材质"复印纸150"。

※下载页面所提供的下载材质，会定期进行清理。

❷ 将笔刷形状按照"通常的圆形"→"自动铅笔2"，笔刷材质按照"无材质"→"复印纸150"进行变更。

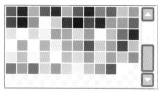

❸ 基本色以及常用颜色提前保存在色盘上。将鼠标光标移到色盘上，按住"Shift"键在想添加的位置单击鼠标，就能添加自定义颜色了。

② 用简单的草图来抓住构思，取得透视构造。

❶ 建立新画板。单击"文件"→"新建文件"，大小设定为宽度：188mm、高度：240mm。

❷ 建立新图层，整理构思，用"铅笔"工具画出大概模样。因为黑色感觉比较乱，因此我使用的是浅色进行绘画。

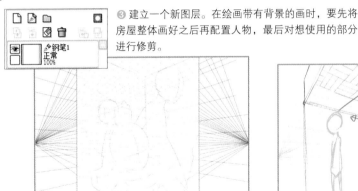

❸建立一个新图层。在绘画带有背景的画时，要先将房屋整体画好之后再配置人物，最后对想使用的部分进行修剪。

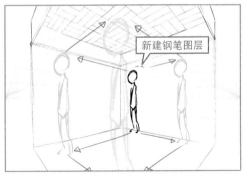

新建钢笔图层

❹用"新建钢笔图层"建立新图层，使用"折线"将透视的辅助线牵到画板两端。将视线设定到中间位置。只朝一个方向透视的话，在画板内有消失点是没关系的。但是两个方向以上的透视时，因为放置方法不当可能会造成景物的拥挤，所以需要注意。

❺用透视来决定人物的大小。因为已经决定了基本大小，所以配合透视的辅助线进行扩大很容易完成。

③ 参照透视，画出线稿。

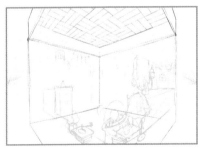

❶开始画线稿。一边注意透视一边将家具画上，添加小物件，然后画上人物。

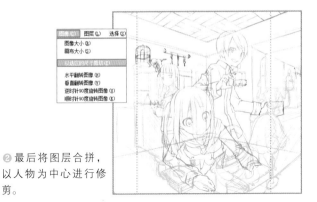

❷最后将图层合并，以人物为中心进行修剪。

重点提示

●画家具和小物品时候的注意点●

1.一边注意三角形的平衡一边进行绘画。

2.即便被人物遮挡，物品与物品之间的线条，也要让人能想象出完整的物品。

3.注意物品的比例进行绘画。比脸还要大的茶壶是很怪异的吧。为了不让这种情况发生，先画出大的家具后再将小物品添加上去。要确认在身边的物品是否是能用手拿得起来的大小，注意不要让画变得失真。

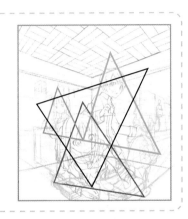

④ 用添加了笔刷形状的画笔"自动铅笔2"来描绘线条。

❶ 接下来进行线条的绘制。"铅笔"工具的笔刷形状从"通常的圆形"变更为"自动铅笔2"。

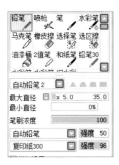

❷ 建立新图层，并将这个图层命名为"线条（脸）"，画上眼睛、嘴巴、眉毛、鼻子和脸部轮廓。

❸ 全身和背景，用同样的方式画上。想加上小物件时，可以在这个阶段画上。

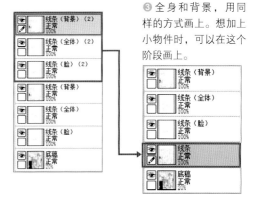

❹ 复制"线条（脸）""线条（全体）""线条（背景）"，并将复制的图层合并成一个"线条"图层。

粗

❺ 注意下笔时候的强弱的话，就能让线条的个性表现出来。在眼前的小物品的线条，阴影部分可以用较粗的线条来绘画。注意力度（画线条时，"用力"和"放松"会造成线条的粗细发生变化）进行作画，就能让画面更生动。

⑤ 进入底色阶段。用底色区分各个部分的上色范围。

① 将上色范围区分开。新建一个图层并且命名为"墙壁"。选中"线条"图层，用"魔棒"工具选取墙壁部分。

② 因为"铅笔"工具所造成的划痕，而无法进行完整的选取，因此用"选择笔"将空隙填补。

③ 选择墙壁图层用"油漆桶"工具进行填充。

④ 填充完毕后，一定要勾选"保护不透明度"。

⑤ 重复上面1~3的步骤，将"墙壁、木制品、铁制品、书本、小道具、肌肤、头发、上衣、SK、眼睛、小物件"用底色区分开。

⑥ "铅笔"工具的笔刷形状设定为"通常的圆形"，决定底色后进行填充。为了防止混在一起，要避免相同颜色的重合。

⑥ 用一些技巧，将墙纸的花纹（条状）和木纹画上。

❶ 画上墙纸花纹（条状）。首先用"选择"工具画出细长的四边形，并填充中间的颜色。

❷ 复制图层，用"移动"工具进行移动后合拼图层。

❸ 重复移动和合拼，直到花纹贴满墙壁。

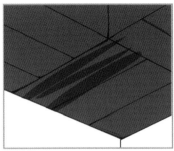

❹ 画上天花板的木纹。调出比底色更深的颜色，用"铅笔"涂成斑纹。

❺ 用"笔"工具沿着木纹的方向将颜色涂开，再用"喷枪"加入点蓝色。

❻ 在用底色区分的各个图层上，使用"铅笔"工具画上花纹之类的细节。

❼ 身边没有的东西只能通过想象去绘画。但是有实际物品时，通过模仿实际物品的花纹之类的进行作画，会更加体现真实感。

用SAI展现独特的世界观

⑦ 注意光源和立体感，使用"喷枪"或者"笔"工具画出阴影部分，再进行最后的上色处理。

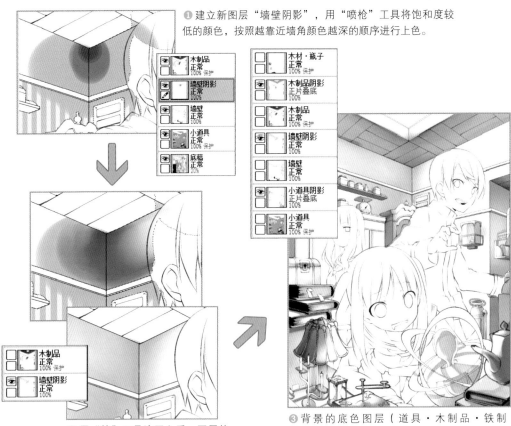

❶ 建立新图层"墙壁阴影"，用"喷枪"工具将饱和度较低的颜色，按照越靠近墙角颜色越深的顺序进行上色。

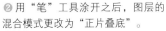

❷ 用"笔"工具涂开之后，图层的混合模式更改为"正片叠底"。

❸ 背景的底色图层（道具·木制品·铁制品·书本）也要注意光源和立体，使用同样的方式画上阴影部分。

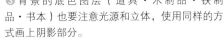

❹ 给肌肤上色。因为有曲面，因此用"笔"工具进行涂抹。

※在隐藏底色图层的情况下进行上色。

❺头发用尺寸大一点的"喷枪"工具，将发梢和头顶涂上颜色。

❻用笔刷浓度较低的"笔"工具向着旋发的方向轻轻涂抹。和发梢一样将颜色涂开。

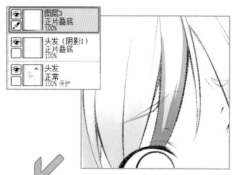

❼再新建一个"正片叠底"图层，用"铅笔"工具给阴影较浓的地方进行上色。

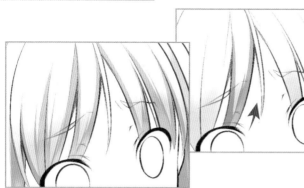

❽用深色将影子加入发梢部分，和上面所记载的步骤6一样，朝着旋发的方向涂抹开。

❾新建一个混合模式为"滤色"的图层，用"吸管"工具拾取头发的底色，再用"喷枪"工具画出天使头上的轮圈一样的效果。

❿用"笔"工具上下涂抹混合颜色。

⓫服装也和肌肤以及头发一样，用相同的方式进行涂色，但是上色时要注意突出清晰感。

用SAI展现独特的世界观

⑧ 给眼睛上色。这是画人物时最重要，也是最有意思的地方。

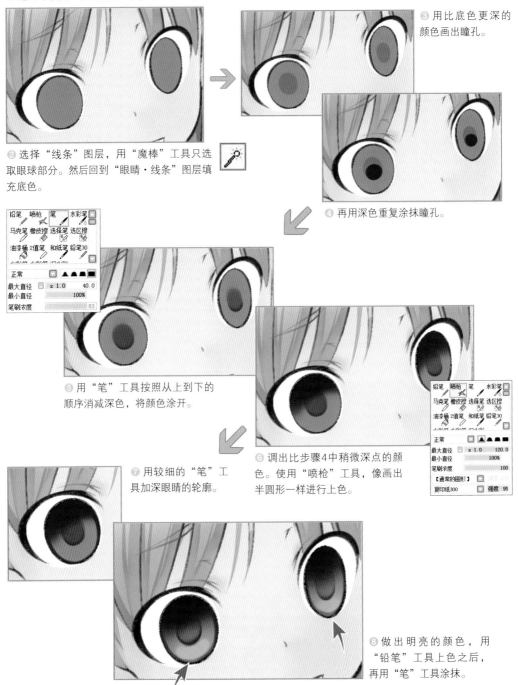

❶ 这里不使用"正片叠底"图层，而是直接在"眼睛"图层上进行绘画。

❷ 选择"线条"图层，用"魔棒"工具只选取眼球部分。然后回到"眼睛·线条"图层填充底色。

❸ 用比底色更深的颜色画出瞳孔。

❹ 再用深色重复涂抹瞳孔。

❺ 用"笔"工具按照从上到下的顺序消减深色，将颜色涂开。

❻ 调出比步骤4中稍微深点的颜色。使用"喷枪"工具，像画出半圆形一样进行上色。

❼ 用较细的"笔"工具加深眼睛的轮廓。

❽ 做出明亮的颜色，用"铅笔"工具上色之后，再用"笔"工具涂抹。

058

⑨ 选择"眼睛·线条"图层。用"魔棒"工具选取整个眼睛。再新建一个"正片叠底"图层，将眼睛里的阴影用"铅笔"工具画上。

⑩ 新建一个图层，混合模式选择"发光"。因为希望表现出看到喜欢的东西时的眼神，虽然是比较老旧的想法，还是用"铅笔"工具画出两眼发光的样子。

⑪ 在"线条（脸）"图层上新建图层，用"铅笔"工具给眼睛加入高光。

⑨ 一边留意光源一边用"发光"图层画出光线。

❶ 为了突出人物，新建一个混合模式为"正片叠底"的图层，将人物周围的暗色用"喷枪"工具进行柔和处理。

❷ 新建一个图层，混合模式选择"发光"。用"喷枪"工具添加天窗照射下来的光线和煤油灯发出的灯光。

❸ 以墙壁和手边的灯为发光点，加上光线。

❹ 人物的头顶也有光照效果。

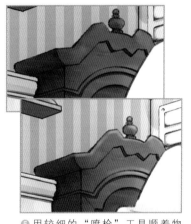

❺ 用较细的"喷枪"工具顺着物品的端面进行描绘，就能体现出光照，从而增加立体感。

❻ 只有"发光"图层的话，大概是这个样子。

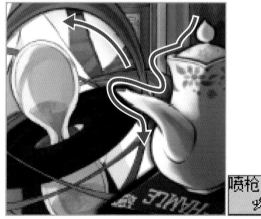

❼ 新建一个图层，使用"喷枪"工具将放置在前方的小物品的轮廓用暗色镶边。

重点提示

将眼前小物品的轮廓用镶边的方式加入阴影，更能凸显深邃感和"发光"图层的光线。

⑩ 为了最后的修整，将图层按照分类进行整理合拼。

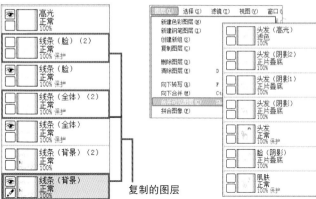

复制的图层

❶ 复制"线条"所有图层，并且隐藏。

❷ 隐藏"背景"之外的所有图层，用"合拼可见图层"将背景结合起来。

❸ 用同样的方法结合人物的图层。

❹ 将"人物"图层移动到"背景"图层之上。这样的话背景的线条会被人物破坏，这时只要将步骤1复制的图层进行显示/隐藏图层（图层边上的小眼睛图标）的切换，就能复原。

用SAI展现独特的世界观

⑪ 最终修整。为了体现出店内的氛围，将照明所产生的光辉表现出来。

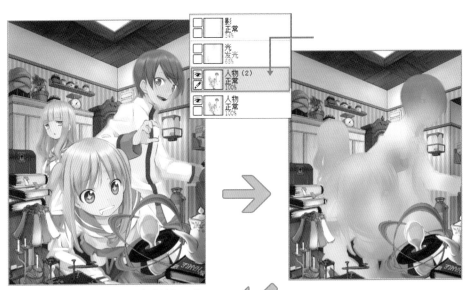

① 复制"人物"图层，用"水彩笔"工具
涂抹模糊。

② 用"亮度/对比度"将颜色浓度调整到
最大值。

③ 混合模式选择"覆盖"。
这样就能表现出物品微微发
光的效果。

复制后的图层

④ "背景"图层也用同样的方法进行模糊。

⑤ 用"亮度/对比度"将颜色浓度调整到最大值，再用"水彩笔"工具涂抹模糊，将混合模式调整为"覆盖"。

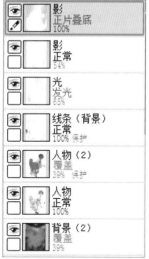

⑥ 将61页中的步骤2里所隐藏的"阴影"图层和"光线"图层，切换显示/隐藏图层（图层边上的小眼睛图标）为显示。

作品完成！

⑦ 作品完成！辛苦了！

用SAI展现独特的世界观

绘画 / 文章：108

这里是重点！（绘画时需要掌握的技巧和要点）

作画时一直都需要注意的一点就是，色彩的调配和平衡。无论是光线还是阴影都需要使用各种各样的颜色，为了能体现整幅画的华丽感，需要在不断的错误与尝试中进行作画。还要注意颜色的使用和画法所产生的距离感和温度差。

"笔""水彩笔"是经常被用到的画笔工具。特别是"水彩笔"，因为容易产生柔和感而深受喜爱。这次所要画的作品，是由房间、天空、树木这些身边的景物进行组合，来表现出混沌奇幻的世界观。

画板的画面（作画时控制面板·窗口之类的配置）

虽然默认都把调色面板·窗口类都集中配置在左边，但是在作画时可以将不需要使用到的窗口全部隐藏。在尽量能看见全体画面的情况下作画，更能把握住整体，让作画顺利进行。

用表示全体的方式来作画时，颜色或者笔刷之类的只要在需要改变时进行选择，其他时候隐藏起来。

● **图层面板**

图层混合模式的改变、新建图层·图层组都在这里进行。为了更有效率作画，图层的命名，图层组的编制也在这里进行管理。

使用"窗口"菜单栏的话，就能改变各面板的位置。

● **工具面板**

有固定工具，工具栏，工具参数设定。

按下"Tab"键就能将所有控制面板隐藏，再按一下"Tab"键就能显示出来。作画中，可以在不显示控制面板的情况下对整幅画进行确认。

① 开始作画。启动 SAI 并新建画板。

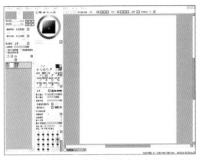

❶首先对作画的大概流程
进行确认。按照"构思→
草图→线条→上色→最后
处理"这种流程进行。构
思以及草图的设定全部都
在SAI上完成。

❷从"文件"中选择"新建文件",准备
好大小适合于作画的新画板。

❸新建一个图层,用"铅
笔"工具进行绘画。

❹整理出作品的构思。将脑子里
的各种想法都画上去看看。最开
始画出来的是乱糟糟的景象。

② 画出草图。让大脑里的构想具现化,把所想到的灵感也画上去。

❶将构想具体地
画出来。

❷我自己作画时,
因为想在这个阶段
就能掌握上色后的效果,于是稍微进行了上
色。这时,所想到的东西基本上都画完了。
因为想到画上人物,于是尝试添加人物和小道
具。

❸加上颜色后,再回到草图,
一边摸索一边明确人物和各个细
节。

人物草案1

人物草案2

人物草案3

③ 考虑透视，用"喷枪"画出线条。

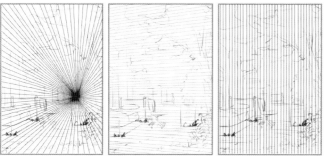

❷分出"深处
1点透视""横
向""垂直"3
个图层。

用SAI展现独特的世界观

❶ 透视的设定大概是这种感觉。在画房间内部时需要利用这些。

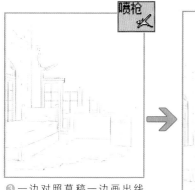

❸ 一边对照草稿一边画出线
条。画笔工具选用"喷枪"。

❹ 为了想表现得稍微柔和些，因此
对线条的粗细进行了更改，并且添
加了带点弯曲的线条。

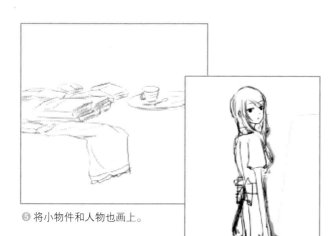

❺ 将小物件和人物也画上。

❻ 背景和人物结合之后，大概是这个样
子。

④ 上色前的准备。为了便于上色，将各个部分用底色分开。

双击图层的文字

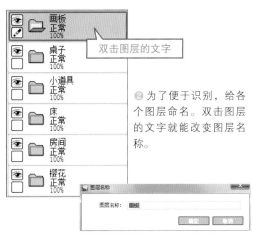

❷ 为了便于识别，给各个图层命名。双击图层的文字就能改变图层名称。

❶ 用底色将各个部分区分开。将各部分放入图层组中，用底色区分开，这样就便于管理了。

⑤ 开始上色。将光源设定在左上角，首先进行大致的上色。

❶ 使用"水彩笔"工具进行上色。

❷ 用颜色区分开的"桌子"图层作为蒙板。

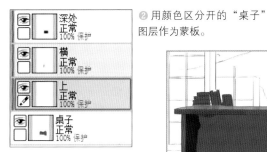

❸ 给桌子上色。

❹ 小道具也在这个阶段大致地画上。

❺ 最后加入高光，突出外形。

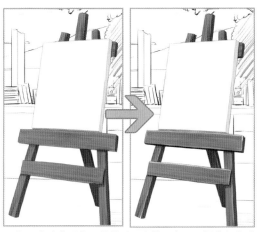

⑥ 加入高光体现物品的外形。这样一来，即便进行大致的上色也能体现出立体感。

⑧ 树木用"底色""中间色""高光"三种颜色，使用点画法上色。

━ 重点提示 ━

利用快捷工具栏让作画效率提高！

　　使用快捷工具可以提高作画效率。特别是"抖动修正""旋转视图""放大/缩小显示"，掌握这些快捷工具，就能自由地对画板进行转向，让绘画变得更容易。

　　快捷工具的设定可以在菜单栏中的"其他"→"快捷键设置"进行确认，按照自己的喜好分配快捷键。

⑦ 其他家具也用相同的方法上色。由于射入的光线所造成的阴影也不要忘记画上。

⑨ 远景·天空·云彩也粗粗地画上。这样上色的第一阶段就结束了。进入下一个绘画阶段。

⑥ 对刚才大致上色的地方进行进一步的描绘。首先从远处的景物开始上色。

❶ 描绘天空。将蓝色稍微加深些。

❷ 描绘云彩。用"水彩笔"工具对云彩的形状进行修整，并且画上阴影。

❸ 描绘群山。为了体现出和房间的距离，调色时使用了较为明亮的色调。

❹ 将远处的景物画得过于细致的话，会失去远近感，因此只要进行大致的描绘。在山脚下添加带点白色的雾气，更能体现远近感。

重点提示

背景图层组、图层的结构

| ☐ 追加 穿透 |
| ☐ 图层 49 正常 |
| ☐ 调整 穿透 |
| ☐ 花 穿透 |
| ☐ 花 穿透 |
| ☐ 桶 正常 |
| ☐ 樱花 正常 |

| ☐ 小道具 正常 |
| ☐ 草 正常 |
| ☐ 草 (2) 正片叠底 |
| ☐ 画板 正常 |
| ☐ 桌子 正常 |
| ☐ 小道具 正常 |

| ☐ 床 正常 |
| ☐ 房间 正常 |
| ☐ 树 正常 |
| ☐ 樱花 正常 |
| ☐ 间隔 正常 |
| ☐ 樱花2 正常 |

| ☐ 光 (5) 正常 |
| ☐ 追加 (2) 正常 |
| ☐ 树 (3) 正常 |
| ☐ 树叶 (3) 正常 |
| ☐ 树叶 (3) 正常 |

● 灵活运用图层组

根据类别，将图层收纳在图层组内。用"底色"图层作为蒙板，再用其他图层堆叠颜色。用这种方法进行上色，颜色是不会渗出到范围外的。图层数量过多的话，将图层进行整理合拼吧。

⑦ 画出已经崩溃的房间内部。比起远景，用更加精细的方式进行作画。

❶ 开始绘画房间。对光照的方向再进行确认，将阴影画上。

❷ 小物品也画上。并且添加了线条稿时没有的茶杯。

⑧ 使用"水彩笔"工具，画上地面和树木。

❶ 画上地面和青草。用"水彩笔"将颜色慢慢涂抹上去。

图层组105
正常
水面 (2)
正常
100%
河流 (2)
正常
100%
岩石 (2)
正常
100%

❷ 在画地面时让河流变得看不清了，因此在这里重新画上。并且在角落添加上石头和阴影。

 笔

③画上野花。这里用"笔"工具进行作画。

修改前

④为了让画面更加丰富些，再次补充了些花草。

修改后

⑤全体的颜色修整完毕后，加上光照之类的效果。然后用混合模式为"覆盖"的图层叠加上去。

斜上照射下来的光线

⑥添加的光影效果大概是这样的。
※为了便于理解，背景用黑色来表示。

⑨ 使用"喷枪"工具进行人物的描绘。

❶ 根据草稿的线条画出人物
的线条。

❷ 用"喷枪"工具画好之后,因为感到缺
少了些什么,于是将左手也画上。

❸ 用图层将每个部分
区分开。

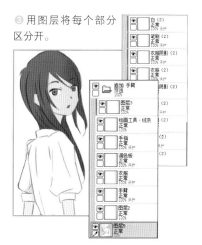

阴影

高光

❹ 加上阴影。

❺ 添加高光。加入高光之后提高
了真实感。

❻ 给身体染上些颜料,做出被
颜料弄脏的样子。

用SAI展现独特的世界观

⑧ 留意光线照射的方向，将人物的投影也
画上。

⑨ 在"人物（2）"图层下
新建一个"阴影（2）"图
层，用"阴影（2）"图层
画上人物的投影。

❼ 人物和背景结合后就变成这个样子了。

⑩ 进行最后处理。调整颜色之间的配合并添加各种效果，让画面更加完善。

❷ 将已经画好的"花瓣"图层放入"调整2"图
层组的文件夹中，图层组的混合模式选择"穿
透"。

❶ 添加飞舞散落的花瓣。为了人物和小物品不被遮挡，因此
要留意花瓣的密度和分布。

重点提示

图层组的"穿透"

混合模式"穿透"，是只有
图层组能使用的混合模式。

图层组的混合模式选择"正
常"的话，图层组内的所有图层
即便更改了混合模式也不能正常
显示。当遇到这种情况时，要
将图层组的混合模式更改为"穿
透"。

❹ 一边注意平衡，一边对图层的不透明度进行调整。

❸ 对整体的颜色进行调整。新建一个图层，混合模式变更为"覆盖"，用绿色色调进行填充。

重点提示

成为"中景"的山

"近景""中景""远景"

在绘画背景时，最好留意"近景""中景""远景"进行作画。将最想表现的东西，比如人物之类的作为"近景"，远处的景物作为"远景"。在这两者之间如果有"中景"的话，就能轻松地表现出远近感，让画面更有层次。例作中，背景前面的那座山就是起到"中景"的作用。

作品完成！

❺ 再次观察整体，确认作品的完成。

3 地球之音（画出凝视地球和植物的少女）

绘画/文章：望月 朔

这里是重点！（绘画时需要掌握的技巧和要点）

并非只盯着一点来进行作画，而是要观察整体一点点地画上去，进而一步步接近脑海里整幅作品的景象。

在绘画途中，经常会想改变头发、服装之类的颜色。这时可以通过"滤镜"→"色相/饱和度"或者"亮度/对比度"，对颜色进行一定程度的调整。

这次的例作中，多次使用了"色相/饱和度"和"亮度/对比度"来改变颜色。之后为了便于调整出自己喜欢的颜色，最好将每个部分细分成各个图层。改变颜色的话，画面整体的气氛也会发生变化。因此请多进行些尝试吧。

画板的画面（作画时控制面板·窗口之类的配置）

控制面板之类的放置在左侧和右侧。这是为了在作画时，方便在屏幕的中央进行作画。

因为经常从色轮中选择颜色，因此将经常使用的色轮配置到右侧。工具面板也同样放置在右侧。

●快捷工具栏

为了画出无重力感，画女孩时需要对画板进行翻转。作画时，可以通过对快捷工具栏的"视图的旋转角度"进行设定，调整到便于作画的角度后再进行作画。

●色彩面板

通过"色轮""HSV滑块""灰度滑块"来调色，并将已经调好的颜色记录在色盘上。

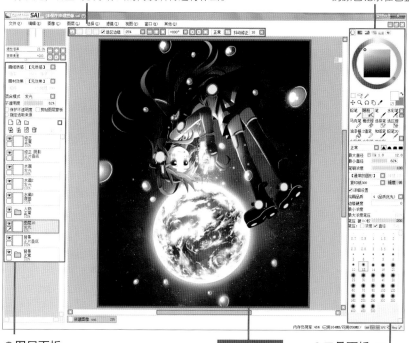

画放在中央

●图层面板

使用"魔棒"工具或者"油漆桶"工具时，可以利用"指定选取来源"这种便利的功能。（见79页）。除此之外，混合模式"发光"也经常被使用。

●工具面板

需要频繁使用到的工具面板置放在右侧。拥有画笔等各种各样的工具。

① 新建画板并且画出草稿。画笔和线条的颜色不会影响最后的处理，因此根据自己的喜好随意使用，画出大概的样子。

❶ 从主菜单栏中选择"文件"→"新建文件"，弹出"新建图像"对话框后，从"预设尺寸"中选择"B5-350dpi"，单击确定。

❷ 工具面板中选择"铅笔"工具。

❸ 因为是草稿，所以无须考虑后期的处理，用自己喜欢的颜色画出大致的样子。

❹ 将"底稿"图层的不透明度下调到10%，在这上面再新建一个图层。

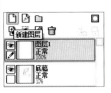

❺ 使用"铅笔"工具，这次使用较小的直径画上细线。

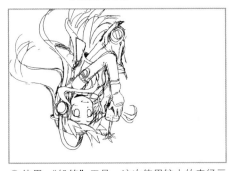

❻ 因为女孩的姿势是倒转的，因此在"视图的旋转角度"中选择"+180°"，让画面翻转到便于绘画的角度。

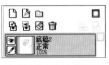

❼ 将下层的"底稿"图层消除。这样草稿就完成了。

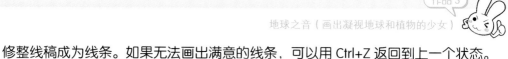

② 修整线稿成为线条。如果无法画出满意的线条，可以用 Ctrl+Z 返回到上一个状态。用这种方法不断地进行修改，一步步完成作画。

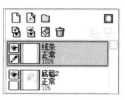

❶ 草稿图层的不透明度下调到10%，在上面新建一个图层。

❷ 使用笔刷最大直径为"1～4"的"笔"进行作画。

❸ 参考草稿的线条，认真地进行作画。

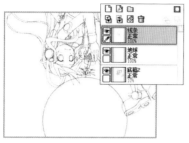

❹ 人物的线条和背景地球的线条分别画在不同的图层里。

❺ 将草稿图层删除，之后选择线条图层，并且勾选"保护不透明度"。

❻ 线条完成。

③ 建立每个部分各自的图层。

❶ 从图层面板上点击"新建图层组"的图标，建立图层组。

❷ 将建立的图层组命名为"线条"，并把人物和背景的"线条"图层放入这个图层组中。

❸ 选择放入"线条"图层的图层组，在图层面板上勾选"指定选取来源"。

勾选"指定选取来源"之后，图层组会以黄绿色表示

重点提示

指定选取来源

　　将线条图层作为"指定选取来源"。这样即便在别的图层上进行操作，也能和"线条"图层一样进行选区的选择。这在其他图层上使用"魔棒"工具或者"油漆桶"工具时会变得很方便。

用SAI展现独特的世界观

❹ 隐藏人物的"线条"图层。在"线条"图层组下方再新建一个"背景"图层组，并在里面新建一个图层。

❺ 将"选区抽取模式"设定为"透明部分（精确）"，"选区抽取来源"设定为"指定为选取来源的图层"。

❻ 从线条图层里抽取出来的地球之外的部分，在新建好的图层上用"油漆桶"工具进行填充。之后，将这个图层命名为"宇宙"。

选区抽取模式：
- ⦿ 透明部分（精确）
- ◯ 透明部分（模糊）
- ◯ 色差范围内的部分
    - 判定透明的范围 ±55

选区抽取来源：
- ◯ 编辑中的图层
- ⦿ 指定为选取来源的图层
- ◯ 可见图像

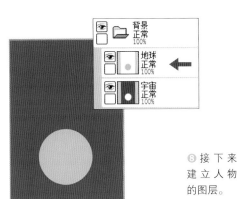

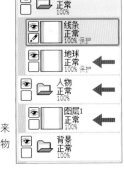

❽ 接下来建立人物的图层。

❾ 隐藏"地球"图层，在"背景"图层组上建立"人物"图层组，在这里面新建一个图层。

❿ 用和背景一样的方法，使用"油漆桶"工具进行填充。然后再新建图层，重复同样的操作，将人物的各个部分都划分出来。

❼ 用同样的方法做出"地球"图层，并进行填充。这样背景的图层就完成了。

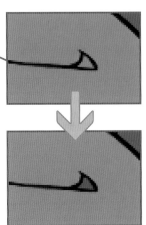

⓫ 没有涂上的部分用"铅笔"或者"喷枪"之类的工具涂上。

⓬ 完成了人物各部分的区分。

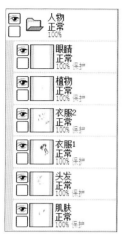

⑬ 所有做好的图层全部勾选"保护不透明度"。

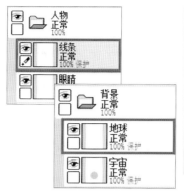

⑭ 解除在79页制作的"线条"图层组所勾选的"指定选取来源",将人物的"线条"图层放在"人物"文件夹最上层。将地球的"线条"图层(地球)移动到背景文件夹的最上层。

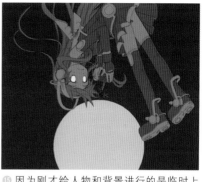

⑮ 因为刚才给人物和背景进行的是临时上色,因此用"油漆桶"工具改变颜色。这就为正式上色作好了准备。

[4] 用"正片叠底"图层将颜色重叠上去,涂出阴影部分。

❶ 隐藏背景的文件夹。

❷ 使用画笔工具"水彩笔",将肌肤的明亮部分和阴暗部分涂出来。这里也可以将画面进行旋转,在方便作画的角度上进行涂色。

❸ 在肌肤上新建一个图层,并勾选"剪贴图层蒙板"。混合模式选择"覆盖"。

❹ 因为植物是发着光的,所以用"喷枪"工具将肌肤上受到光照的部分都涂上。

正常		▲ ▲ ▲ ■
最大直径	x 1.0	35.0
最小直径		52%
笔刷浓度		60
【通常的圆形】		
【无材质】		
混色		58
水分量		56
色延伸		55
	□ 维持不透明度	
模糊笔压		81%

"模糊"工具的笔刷设定

模糊

⑤ 感觉肌肤阴影部分的边界过于生硬。因此使用"模糊"工具进行模糊处理，让肌肤显得更加柔和。

⑥ "肌肤光"图层上新建一个图层，和之前一样勾选"剪贴图层蒙板"，混合模式选择"正片叠底"。

⑦ 使用"喷枪"工具涂上阴影。阴影部分的边界过于生硬时，使用"模糊"工具进行处理。

⑧ 用同样的方法给其他部分也涂上颜色。虽然人物的上色还没有结束，但是在这里先暂停一会儿。

⑤ 考虑人物和背景的平衡，将背景画上。

① "地球"图层上新建一个图层。上面画上地球的地表。作画时将其他的图层隐藏。

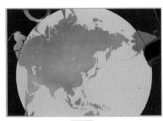
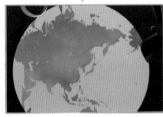

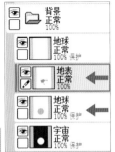

② 显示地球的图层之后，画好的地表部分会超出范围。这时只要勾选"剪贴图层蒙板"就可以将超出的部分消除。

③ 在"地球"图层和
"地表"图层之间，
新建一个图层。

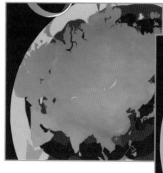

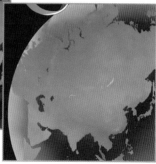

④ 画上海洋。用"喷枪"工具涂上颜
色，用"水彩笔"工具把颜色涂开。

⑤ 将"喷枪"的笔刷形状选择为
"扩散"，画上云彩。

⑥ 用笔刷形状为"扩散"的
"喷枪"和"模糊"工具画出
带有杂乱感的宇宙。

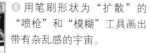

⑦ 给地球周边添加光辉。混合模式选择"发
光"，在地球周围一圈涂上白色之后，再用
"模糊"工具进行模糊。

⑥ 根据整体的色彩，对各个部分的颜色进行调整。因为可以对颜色进行变更，因此将色彩调整到自己满意为止吧。

修改前

修改后

❶ 选中想要改变颜色的部分，从主菜单栏中选择"滤镜"→"色相/饱和度"和"亮度/对比度"对色彩进行调整。

❷ 将服装的颜色稍微调整明亮的话，就会变成从紫色当中去掉红色的蓝色。

❸ 用同样的方法对植物和耳麦之类的部分也进行颜色的调整。加强地球的光辉。

⑦ 画上服装的阴影等细节部分，并且在宇宙中添加点点繁星。

❶ 阴影用混合模式"正片叠底"加入，填充的部分在"正常"图层上进行描绘。

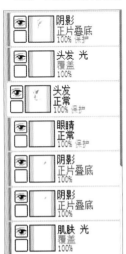

❷ 将服装上的阴影和裙子内侧的阴影再加深些，就能产生立体感。

❸使用"喷枪"给宇宙画上点点繁星。

8 使用混合模式"发光",做出发光效果。

❶新建一个图层,给发光的部分上色。

想要发光的地方涂上水蓝色

❷主菜单栏中选择"图层"→"复制图层",对图层进行复制。变成下一层的原图层,混合模式变更为"发光"。

③ 发光的地方在涂色之后，用"模糊"工具轻轻地对周围进行描边。

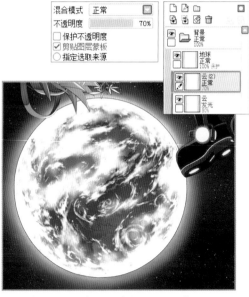

④ 用同样的方法复制出地球的云层。变为下层的原图层，混合模式变更为"发光"。

⑤ 这样的话云层会显得过白，因此调整"不透明度"。将"正常"图层的不透明度下调至70%，"发光"图层下调到80%。

⑨ 观察整体，将画面修整到自己理想的状态。对不透明度或者颜色进行调整，并且给各个部分添加上光影效果。

① "地表"图层的"不透明度"下调至70%。

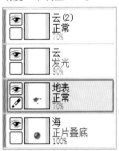

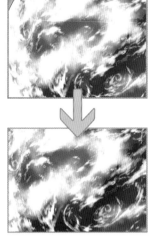

② 选中地球的线条图层，用"色相/饱和度"将地球调整到发白的程度。

❸ 用混合模式"覆盖"将群星变得明亮些。

❹ 人物光照效果感觉不够明显，因此用"发光"图层或者"正片叠底"图层加上光影。

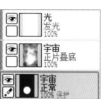

❺ 因为人物和背景的整体色调要一致，因此用"色相/饱和度"和"亮度/对比度"对背景的颜色进行调整。

⑩ 给人物的线条加上颜色，并且画上水泡。最后将整幅画不断地进行修整，直到自己满意为止，完成作画。

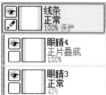

❶ 给人物的"线条"图层上色。用"喷枪"工具给肌肤涂上茶色色调，头发涂上绿色色调。

②画上水滴。画法和在85页中利用"发光"图层做出发光效果的手法相同。因为希望偏蓝色些,将最下面的图层用混合模式"覆盖"加入蓝色。

③修整时,混合模式选择"正常"进行绘画。想要添加阴影或者颜色时可以调整混合模式为"正片叠底",进行绘画。

④选中背景的图层组,将颜色调整明亮。

⑤为了突出人物,因此在背景的图层组上面新建一个图层,给周边涂上黑色。

⑥将人物的周围用"发光"处理明亮些,完成整幅作品。

第 3 章

用 SAI 画出幻想中的生物

用 SAI 是怎样画出异形的幻想生物呢？

神话或者科幻·魔幻世界中所登场的幻想中的生物，因其各种各样的姿态使我们感到惊奇和震撼。和现实世界不同，为了画出只存在于架空世界中的奇幻生物，SAI究竟能够做到些什么呢？在第 3 章里，我们就对如何画出龙和机器人之类的奇幻生物进行解说。

※第3章"作品2"中介绍的作品。（作画：电鬼）

画出拥有卡片游戏插画风格的巨龙

作画时的重点

这次作品的标题是"画出拥有卡片游戏插画风格的巨龙",因此要创作出奇幻世界中才有的龙。

以画出"具有深邃感的构图和拥有魄力的奇幻生物"为目标,对横跨两页的构图进行了反复的构思。因为奇幻生物被设计成蛇形,因此强调了距离感并体现了画面的深度和魄力。

说到用电脑绘画,往往会很容易变成"CG"一样的画面吧。因此作画时为了避免这种情况的发生,灵活运用了可以营造出手绘风格的 SAI 工具和材质。当遇到无法满意的效果之时,即便是已经画好的地方,也大胆地添加细节或者对颜色进行了改变。便于修改,这是"用电脑绘画"所拥有的最大优点。因此,可以在不断的作画和修改中完成作品。

绘画 / 文章 : 村木真红

画板画面·常用画笔工具的设定

●颜色面板

颜色的选择主要是通过色轮来进行。如果想对颜色的饱和度或者亮度进行调整时，可以和HSV滑块进行并用。

●工具面板

使用画笔工具时，以通常的"铅笔"，以及笔刷浓度在30%左右的"铅笔""笔""水彩笔"为主。笔刷浓度为100%的"硬橡皮擦"和15%的"软橡皮擦"按照用途的不同，分开使用。

●导航器·图层面板

导航器和图层面板放置在右边。

●改造之后的画笔工具及其预览效果

	铅笔	淡铅笔	硬橡皮擦	软橡皮擦
正常				
最大直径	x 0.1 80.0	x 0.1 80.0	x 1.0 80.0	x 1.0 80.0
最小直径	33%	33%	100%	100%
笔刷浓度	80	33	100	16
【通常的圆形】 强度 50				
【无材质】 强度				
✔详细设置				
绘画品质	4 (品质优先)	4 (品质优先)	4 (品质优先)	4 (品质优先)
边缘硬度	0	0	50	50
最小浓度	0	0		
最大浓度笔压	100%	100%	100	100
笔压 硬(=)软	0	0	50	100
笔压: ✔浓度 ✔直径		✔浓度 ✔直径	□浓度 ✔直径	□浓度 ✔直径

铅笔　　　　　　　　　淡铅笔　　　　　　　　　硬橡皮擦　　　　　　　　软橡皮擦

① 使用混合模式"发光"，做出发光效果。

❶ 建立新文件，并在这之上新建一个图层。

❷ 为了做出体现深度的构图，画面的深处部分用点来表示。因为这次构图的流向是从画面左边的远处到画面右边的近处。因此在画板的左侧打上点。

❸ 从左侧打上的点开始延伸，以扩大的方式将线条牵引出来。

❹ 新建一个图层，用画笔工具"笔"描绘出轮廓。不是用线条而是画出轮廓的话，就能偶然得到有趣的形状，这会比最初的想象效果还要好。如果从平时就去积累这些形状的话，那么对今后的创作也会很有帮助，因此推荐从轮廓开始描绘。

重点提示

龙因为种类的不同，形态也会有所不同。

这次为了表现深邃感，因而使用了蛇形的龙。除此之外还有像人一样的2足步行型或者4足步行型、V字形等各种各样的形态。

V字形

2足步行型

4足步行型

用SAI画出幻想中的生物

❺ 完成了作为底色的
轮廓之后，再添加上
翅膀，让龙更加符合
自己的特点。

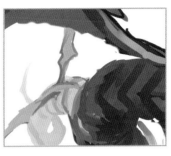

❻ 因为尾巴显得气势不足，
所以像画圆一样方式进行
作画，绕一圈往深处延伸。
再加上翅膀。

❼ 新建一个图层，在
这个图层上画出临时的
背景。

❽ 这时的图层构造是
这样的。

② 描绘线条。在轮廓上用线条画出细节。

❶ 为了不影响线条的描绘，因此将画有轮
廓的"主体"图层，通过"滤镜"→"亮
度/对比度"提高亮度，让轮廓变得淡薄。

❷ 虽然也可以用调
整图层的不透明度的
方法让轮廓变淡薄，
但是这样的话在画后
面背景时，轮廓会变
成半透明状态。因此
使用调整亮度的方
法。

❸ 在这之上新建一个图层，用"铅笔"工具粗
略地画上细节部分。之后进行的上色可能会破
坏现在的线条，因此一开始就选用较粗的线条作
画。

辅助线

❹ 将躯体想象成圆柱体，沿着躯
体的流向画上辅助线。通过辅助
线就能直观地看出透视效果。

❺ 将画有辅助线的图
层放到线条图层的上
面，根据需要进行隐
藏、显示的切换。

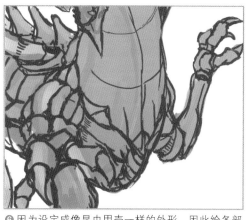
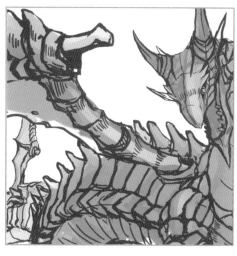

❻因为设定成像昆虫甲壳一样的外形，因此给各部位添加上一节节鳞片。让背上的突起平滑些，更能体现出外骨骼的感觉。

③ 注意光源，涂上底色。

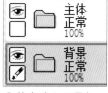

❶首先建立图层组，将图层组区分为"主体"和"背景"。

❷从背景开始上色。在最初画好的"背景"图层上新建一个混合模式变更为"正片叠底"的图层，把尽可能多的颜色添加上去。

重点提示

只是在相同的色相内对亮度和饱和度进行调整的话，会让画面显得单调，变成CG一样的画面。因此要一边偏移HSV滑块上的色相滑块，一边调整颜色。

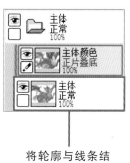

将轮廓与线条结合后的图层

❸将"主体"的轮廓和线条合拼，然后在这之上新建一个混合模式为"正片叠底"的图层，并勾选"剪贴图层蒙板"，在这个图层上对主体进行上色。这样一来颜色就不会超出下面图层的绘画范围，轻松地进行上色。

❹微调HSV滑块的"色相"，将主体的颜色数量一点点地增加出来。在这个阶段就留意光源进行上色的话，会让后面的工作变得轻松。

❺一边加深背景的对比度一边粗略地画上云层。因为感到水平线过于倾斜，因此进行了修正。

❻底色的上色完成了。

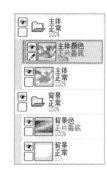

❼图层的构成。

4 画上背景和主体。观察整体的平衡进行上色。

❶进入正式上色阶段。新建一个图层并勾选"剪切图层蒙板"，将"主体"图层作为蒙板。

❷一边观察整体一边粗略地涂出阴影部分。将光源设定在后方。先用"铅笔"工具涂上颜色，再用"水彩笔"工具将颜色涂开。大致画好后，将图层合拼。

❸因为想要加强色调，因此用"铅笔"工具在鳞片的边角部分加入红色。

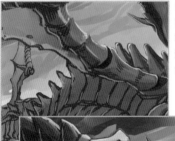

❹再大致地加上高光效果，让画面变得更加突出。

❺用昆虫腹部一样的造型，将颈部以及腹部画上。在画龙的时候，柔软的部分参考螳螂，坚硬的部分参考蜈蚣或者甲虫之类的昆虫。

重点提示

一边参考资料一边绘画

　　资料以网络上的图片，或者市场上贩卖的图鉴为主。因为图鉴的照片不仅多，而且能了解实际的质感，因此强烈推荐。

　　边参考资料边进行绘画，所画出的作品会更有真实感。因此尽量多看些资料再开始动手作画吧。

❻ 显示画面全体，对颜色的平衡进行确认。因为感觉画面不够突出，于是下调了背景的亮度。

❼ 在画精细部分时，很多时候需要放大显示进行作画。为了避免因为只看细节而让整体不够统一，作画时需要经常显示画面全体，一边观察一边作画。

❽ 最后，将"背景""主体"各自的图层组进行合拼。图层合拼后便于作画的进行，因此每个阶段完成时都将图层进行合拼。

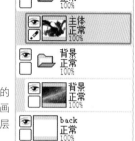

⑤ 使用材质来表现出质感。

❶ 从保存的素材照片中，选择合适的造型作为材质。因为想要画出甲壳坚硬的龙，所以选择斑痕累累的石墙照片作为素材。

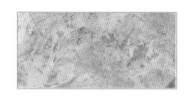

❷ 用SAI打开材质，将材质贴在想要使用的部分。将贴好的"材质"图层放在"主体"图层组的上面，不透明度设置为55%。

混合模式　　覆盖
不透明度　　　　　55%
☐ 保护不透明度
☑ 剪贴图层蒙板

❸ "材质"图层勾选"剪切图层蒙板"，将"主体"图层组作为蒙板。混合模式选用"覆盖"。贴上材质之后，就能让龙的甲壳显得更加真实。

④颜色过于偏向茶红色，因此从"滤镜"中选择"色相/饱和度"，对饱和度滑块（图上是调整色相滑块）进行调整，变成蓝色色调的颜色。材质用"色相/饱和度"进行调整的话，整体的外形和风格也会发生改变。因此多进行些尝试也许会有新的发现。

复制（下一页使用）➡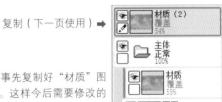

⑤事先复制好"材质"图层。这样今后需要修改的部分也可以加入相同的材质，便于以后的作画。

⑥主体和材质用"水彩笔"工具融合。背景也用同样的方法加入材质。

⑦背景的饱和度过高，掩盖了主体。因此用"色相/饱和度"降低饱和度，再用"亮度/对比度"提高对比度。这样，CG的感觉就少了很多。

⑧整体的色调过于单一，因此在画面中间画上较大的光源，让视线朝着龙的脸部集中。

⑨为了更加突出主体，因此对色相进行了调整。首先复制"主体"图层，用"色相/饱和度"调高饱和度变成紫红色。

混合模式　发光

不透明度　　　　　　22%

☐保护不透明度
☐剪贴图层蒙板

⑩ 将调整了色相的"主体"图层，不透明度下调至22%，用混合模式"发光"进行重叠。

⑪ 将"主体"图层和步骤9~10做成的复制图层进行合拼，让龙的颜色更加鲜艳。

⑥ 进行细节的修改。改变翅膀的形状，并且给背景加入高光。

❶对翅膀的形状进行修改。使用"索套"工具选中翅膀，剪切粘贴到其他图层上。

❷再次使用"套索"工具将步骤1的翅膀，从正中间分割成两个部分。

❸将翅膀分开的两个部分分别移动到两个新建图层中，并将图层分别命名为"羽1""羽2"。

❹使用"移动"工具，对位置进行调整。

❺调整好的"羽1""羽2"图层再次合拼成"羽"图层。按照调整时的顺序从上到下用"笔"或"水彩笔"工具进行混合。

❻画好的部分还没有加入材质，因此用"羽"图层作为蒙板，将事先复制好的"材质（2）"图层叠加上去。

用SAI画出幻想中的生物

笔

正常	▲ ▲ ▲ ■ ■
最大直径	× 1.0 100.0
最小直径	0%
笔刷浓度	100
扩散	强度 100

❼ 对背景进行修改。"笔刷形状"选择"扩散","强度"变更为100%。

❽ 使用步骤7设定好的画笔工具"笔",给云层涌起的部分加入高光。

❾ 画笔工具"水彩笔"的"笔刷形状"也设定为"扩散","强度"设定为100%。将高光混入背景中,显现出云层的分量。

❿ 将画笔工具的形状变更回"通常的圆形",使用"水彩笔"工具画出逆光效果。然后在最上层建立新图层,用白色涂出从光源放射出的光线。

⓫ 将画好光线的图层的混合模式选择为"覆盖",逆光效果就显现出来了。

⑦ 进行大幅修改,使用图层的混合模式做出金属质感。

❶ 虽然观察整体并进行不断的修改,但是总感觉内容不够丰富,因此给翅膀和胴体增加突起部分。再将画好的部分也添加上材质。

❷ 使用"索套"工具选中头部,对位置进行了调整。用"视图"→"水平翻转"将画面左右翻转,对头部的歪曲和透视的失真进行确认和修改。

❹ 鳞片之间的红色不够明显，因此用饱和度较高的红色重新上色。

❸ 感觉整体的色调还是不够充分，因此将背景的饱和度调高。

❺ 左边稍微添加点红色，右边稍微添加点黄绿色，以这种方式对整体的色调进行了调整。对细微之处的颜色也进行最终的调整。

❻ 接下来是主体颜色的调整。首先复制"主体"图层，做出"主体（2）"图层。

❼ 隐藏背景图层，将不想改变颜色的部分用"橡皮擦"工具清除。之后，将原始"主体"图层的"不透明度"下调，让消除的部分更加明显。

修改前

修改后

❽ 复制出来的"主体（2）"图层用混合模式"发光"进行重叠，这样就做出了金属质感。

作品完成！

❾ 最后从"滤镜"中选择"色相/饱和度""亮度/对比度"进行调整，完成整幅作品。

用SAI画出幻想中的生物

作品 2 以厚重的上色为中心，画出机械系的怪兽

作画时的重点

　　虽然SAI擅长动画涂色和轻巧的上色，但是由于拥有丰富的材质和画笔工具，所以可以应对各种各样的绘画风格。在本次作画流程中，将对以厚重上色为主的绘画手法进行说明。将SAI需要使用的工具，以及如何突出质感和周围环境的氛围等进行重点讲解。

　　这次整体的图层构成，从下到上依次是：①画有主体（怪兽、风景）的图层；②画有追加物体的图层；③为了进行调整的图层；④上色用的图层。通过这些作画流程，来了解整体的状况，一边对全体进行观察一边作画。

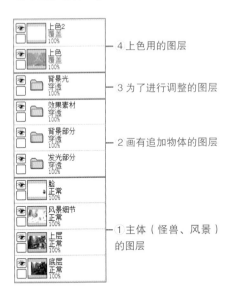

　　——4上色用的图层

　　——3为了进行调整的图层

　　——2画有追加物体的图层

　　——①主体（怪兽、风景）的图层

这次使用的自制材质可以在画师的web站点上进行下载。

● URL

http://fusionfactory0917.blog32.fc2.com/blog-entry-63.html

※URL以本书出版时为准。今后会有变更的可能。

绘画 / 文章：电鬼

102

画板的画面（作画时控制面板·窗口之类的配置）

虽然是因人而异，但是因为我是右撇子，因此面板都配置在右侧。作画时需要使用到很多的画笔工具。于是将主要的画笔工具进行了快捷设定，除此之外的工具都从面板中选取使用。

●工具栏
在工具栏里保存了众多改造后的画笔工具。

●导航器
在作画时，想要移动视图的时候使用。

●工具面板
在工具面板中，可以对笔刷的粗细进行设定之外，还能对笔刷的材质进行设置。里面拥有大量作画前就准备好的自制材质。

●图层面板
建立图层组，将需要区分上色的各个图层分类，按照项目存放和管理。上色在最上层的图层上进行。

① 在草图上决定构图和整幅画的氛围，画出透视的辅助线，为正式绘画作好准备。

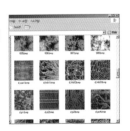

❶首先给笔刷追加材质，开始为作画作准备。将做好的笔刷材质bmp文件，放入SAI的安装路径"PaintToolSAI"文件夹下的"brushtex"文件夹中。

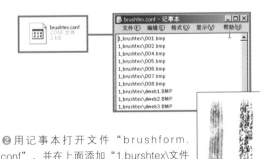

❷用记事本打开文件"brushform.conf"，并在上面添加"1.burshtex\文件名.bmp"。这样就可以在工具面板中的"选择运用到笔刷的材质"中选择所添加的材质。

❸ 在黑白画面下描绘草图。应该将怪兽放置在哪里，应该画出怎样的背景来体现整幅画怎样的氛围。这些，都将在粗略的草图中做出决定。因此并不是用线条进行绘画，而是用类似上色涂抹的方式作画。

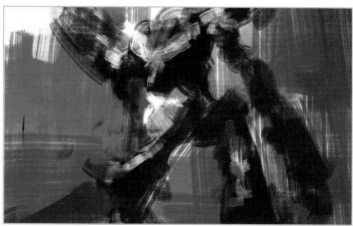

❹ 对整幅画的设想是，在已经荒废的架空城市中，虽然头部已经消失了，可是依然在战斗的"狂战士"般的机器怪兽。

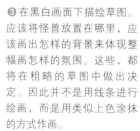

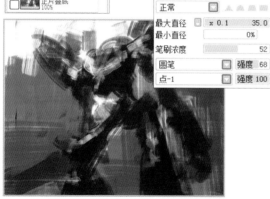

❺ 背景和怪兽用图层分开，分别进行绘画。图层的混合模式都选择"正片叠底"。

❻ 为了体现真实感，因此最后并不是用线条，而是用阴影来体现物体和物体之间的分界。

❼ 新建一个图层，混合模式设定为"覆盖"，然后粗略地进行上色。将这个图层作为"上色"图层。

❽ 画上透视线。作画时如果过于在意透视的话，做出的画面会让人感到生硬。因此平时都将透视线隐藏起来。需要显示时，可以将辅助线的不透明度下调到隐约可见的程度。这只有在偶尔需要对透视进行确认时才使用。

❾ 透视线由纵向的透视（绿），消失点右（蓝），消失点左（红）三种颜色构成。

❿ 用涂色的方法将整体的外形慢慢显现出来。想要重点表现的地方涂上深色，除此之外的部分涂上浅色，按照这种方法进行作画。就像让人依照顺序对整幅画进行关注一样，对阴影进行调整。

⓫ 增加黑白相间部分的面积，并加强黑白间的对比。用这些方法来凸显出重要的细节。为了一开始就能吸引人的眼光，于是在胴体中部胸部装甲的间隙里，加上了亮光。这样，虽然已经没有了头部，但是因为胸部看起来和头部一样，因此给人的感觉是眼睛在发着亮光。

⓬ 全体画好之后，在"着色"图层进行上色。全体的颜色大致决定好后，装甲等部分用其他颜色进行重叠。随时对颜色进行确认并进行添加。

106

⑬ "着色"图层用混合模式"正常"表示的话，就变成这个样子。

⑭ 草图的图层构造，如右图所示。

⑮ 完成草图。通过草图可以预想到完成时的画面，就终于进入了正式绘画阶段。

② 将草图按照透视，修整成正式的图画。用不同的自制"笔刷材质"，画出质感。

❶ 为了便于今后的修改，一边建立图层一边进行作画。在作画时参照透视，逐渐将外形修整出来。用画笔工具把合适的材质添加到细节上去。

❷ 将质感涂出来。最容易体现质感的地方是高光部分和阴影部分之间的区域（左图红色区域）。以这个区域为重点，用这次自制材质的笔刷进行作画。

红色部分是容易体现出质感的区域

画出划痕的自制笔刷

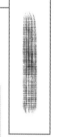

画出凹凸感的自制笔刷

精细 ←——————→ 粗犷

精细的笔刷和粗犷的笔刷的差异

❸ 分别使用画出精细划痕的画笔工具和凹凸感强烈的画笔工具进行作画，就能将伤痕的质感体现出来。这里所使用的画笔工具都是自制的。

设置自制笔刷

❹自制画笔工具，可以一边尝试绘画效果一边制作。当做出可以使用的画笔工具时，用自己容易记住的名字为其命名，并保存在工具栏中。因为材质千变万化，所以需要依靠自己来制作。这次就是使用自制画笔工具为主进行绘画。

用反射光，或者是沿着断层加入高光，将部件的金属质感表现出来

❺胴体的上色范围较为狭窄，无法体现出材质的效果。因此这里不使用笔刷材质，直接进行绘画。

❻因为这里有暴露出的金属部件，所以要注意表现出金属感以及从其他方向反射过来的反射光。

❼胴体画出一定的外形之后，将手和脚部也画上。投射在地面的脚部和电锯的影子，是体现真实感的关键点。因此要非常注意光线的方向将阴影画上。

❽和胴体一样使用自制材质的笔刷，一边对外形进行修整一边进行绘画。

重点提示

分别画出的金属质感

　　胴体部分所涂上的金属质感，更像是涂装剥落的效果。而暴露出来的金属部件，则是没有涂装的拥有金属光泽的金属质感。绘画时要将这两种质感分别画出。

③ 用照片做素材，做出武器刀刃部分发光的模样。

❶ 这就是在本次例作中使用到的，用数码相机拍摄的电脑主板照片。在添加带有机械感的细节时将会使用到。首先将画面的对比度调高，并且改变饱和度。

❷ 新建图层，混合模式改变成"发光"。使用"图层"→"自由变换"进行变形，让右手持有的电锯形武器的大小和角度和材质吻合。

❸ 并不是单单粘贴上去。使用"橡皮擦"工具将多余的部分削除，不足的地方进行补充，让材质能够融入图中。像这种需要将其他画像加入画中的情况，如果不进行加工处理，会让整体变成贴画一样。因此只需要保留"想要使用的部分"，将效果表现出来就可以。

❹ 和画草图时一样，在胸部装甲的间隙和肩部装甲之类的地方加上发光部件。分开图层，在画好白色的部分上用"发光"图层加上明亮的绿色。再用另一个"发光"图层，给周围加上光晕。

❺ 表现发光部分的图层用"发光部分"图层组进行整理和管理。

在胴体上部画上头部被取掉的痕迹

❻ 给手里添加点东西。虽然在画面上很难表达，但是原本的设想是，手拿着在战斗中被破坏掉的自己的头部。因为在这个时候还没有决定是否要让手上拿着东西，为了便于以后的修改，因此建立了新图层进行绘画。

4 **画出背景。在表现出画面深处氛围的同时，展现出战场的气氛。**

❶ 将"背景部分"图层组进行整理。对图层进行区分，将眼前的建筑画在新图层上，然后用重叠的形式，放到远处的建筑轮廓的图层上。

❷ 首先修整建筑物的外形。这时先不需要画上细节，只需要表现出大概的轮廓。

❸ 按照"怪兽周边的地面""可以看清细节的近处建筑物""稍微能看清细节的建筑物""完全看不到细节，只能看到大概轮廓的远处建筑"来分成4个不同强度的部分，分别进行作画。

风景细节

❹ 用"从电脑主板上取得的笔刷材质"来进行绘画。将笔刷材质事先做出几种组合，使用的时候会非常方便。

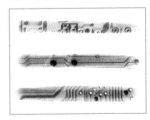

❺ 用带有材质的笔刷将材质逐渐描绘上去，给建筑物添加上细节部分。

添加的修饰

❻ 在新图层上，添加上电线杆和电线横穿背景的修饰。

❼ 因为希望靠近眼前的地方有较大的建筑物，因此添加上近景的建筑物。为了看清细节，在稍微加强了点对比度后，进行绘画。

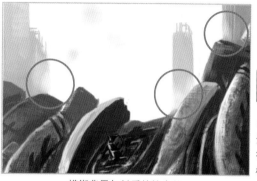

模糊背景与材质的接合处

❽ 为了体现机械怪兽前后的距离感，远处的景色和机械怪兽接合部分用"模糊"工具进行模糊处理。相反，近处景物的接点不进行模糊处理，就能体现出近距离感。

❾ 用同样的方法在右侧也画上建筑物。但是要注意机械怪兽才是重点。所以应该画得朴实些，背景的表现不能过于突出。

❿ 在眼前的地面上，重点描绘出向阳处部分的质感。并且添加上细细的裂缝。

⑪ 远处的青烟，使用不带材质的"喷枪"轻轻涂上。

⑫ 将远处的机械怪兽也画上。这样就体现出战场的气氛。

⑬ 新建图层，为了体现战场的气氛，使用像青烟袅袅的材质画出弥漫的硝烟。

烟

⑤ 对感觉还有不足的地方进行修改。调整色调，进入完成绘画前的最终调整阶段。

❶ 为了进一步提升背景的氛围。在新建图层上使用"喷枪"工具，在上面覆盖一层明亮的颜色，进行调整。

喷枪

❷ 调整机械怪兽和建筑物的对比度，进一步提升氛围。

❸ 描绘背景时，对作画造成影响的图层，可以用"显示/隐藏图层"方便地进行隐藏。用"显示/隐藏图层"对图层组进行整理会非常方便。

❹ 这次的背景光图层组被分为"太阳光2"和"空气"两个图层。这是因为如果是在一个图层上进行作画的话，一定亮度以上的颜色都会因为曝光效果而变成白色，影响正常作画。

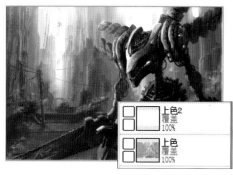

❺ 颜色显得有些单调，为了添加色调，因此建立混合模式为"覆盖"的上色图层。对整体（特别是光照明亮的部分）添加不同的色调。

❻ 再观察整体，对不足的地方进行修整。发现忘记画上翅膀的"电击"部分，因此补充上去。

❼ 将各图层合拼，选择"滤镜"→"亮度/对比度"，对全体的对比度进行调整。稍微调高对比度，并且提高光线的强度。

❽ 选择"滤镜"→"色相/饱和度"，对全体的色调进行调整。将饱和度稍微调高。

❾ 重复调整直到作品的完成。

作品完成！

★提示★

灵活运用图层，让上色变得轻松

SAI的图层，是种掌握之后会变得非常便利，便于作画的功能。熟练运用图层，就能让修改上色变得非常简单，也可以无须担心超出范围进行灵活的作画。因此一定要掌握图层的运用。

● 用图层分出各个部分，分别进行上色

用图层分出各个部分，然后勾选"保护不透明度"，再配合"剪贴图层蒙板"，就能无须担心超出范围，进行上色工作。

此外，用图层分出的各个部分可以进行各自的编辑。因此通过用纸质感或者合成模式之类的功能，可以达到各种各样的效果。这是众多画师都使用的技巧。

保护不透明度

勾选了"保护不透明度"的图层，就只能在图层所绘画的范围内进行上色。如果已经涂好了底色，就可以只对这个部分进行精细的绘画。是一种非常便利的功能。

剪贴图层蒙板

在画有底色之类的图层上新建一个图层，勾选"剪贴图层蒙板"。这样新建的图层，就只能在下面图层的涂色范围内进行上色。

去掉勾选后

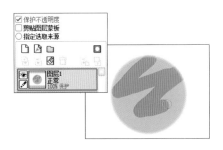

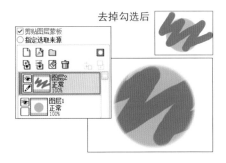

● 用图层组管理图层

用图层分出各个部分，给这些增加的图层用直观的名字命名，进行管理。图层组也和图层一样，可以使用各种混合模式或者改变不透明度。因此用图层组进行管理的话，可以同时编辑图层组下的全部图层。

第4章

用各种各样的技巧进行绘画

通过独特的技巧，做出富有个性的作品

在第4章里,将对使用独特的技巧所绘画出的作品进行讲解。用改变笔刷之类的设定,营造出凸显和风的作品"冬天与和服少女（画出和风的绘画技巧）"。想象出动画的一幕场景而做出的"画出动画里展现动作的一幕"。灵活运用色调变化的图像文件来改变上色质感的"利用简易浓淡处理做出华丽的效果"。通过以上3个例作,就可以发现SAI在绘画时出人意料的可能性吧。

※第4章"作品3"中介绍的作品。（作画：古斯多夫）

绘画／文章：薰唯

这里是重点！（绘画时需要掌握的技巧和要点）

自从被 SAI 轻易画出线条的性能所吸引以来，在用数位板进行绘画时，都以 SAI 为主。

材质虽然可以从自由发布的地方进行下载，但是自己做出"这个可以使用！"的原创材质也是一件很有意思的事情。因此在有时间的时候，多制作些自制材质吧。

这次的作画目的十分明确，就是要做出带

有和风的画面。因此希望通过材质或者画笔的笔触将风格表现出来。

经过改造的画笔工具或者材质也经常会被使用到。SAI 的画笔工具根据设定的不同，所做出的效果也会大不一样。请各位多多进行尝试吧。

画板的画面（作画时控制面板·窗口之类的配置）

刚开始使用 SAI 时没有发现各个面板是可以移动的，就这样成为了习惯。因此至今都是使用默认的形式。图层增加过多的话，图层面板会

变得过长给作画造成麻烦，所以利用"向下转写"之类的功能（124 页），控制图层保持在一定的数量内。

● **色轮**
在色轮上，可以用外侧的圆选取色相。高光和阴影的颜色，可以利用中间的四方形，对亮度和饱和度进行调整。

● **视图的左右旋转·水平翻转**
通过转动视图到适合的角度，就能方便地进行作画。根据需要点击"视图"→"水平翻转"，对素描或者构图进行检查。

● **图层面板**
图层将在这里进行管理。为了不让图层增加太多，可以使用合拼，或者运用"向下转写"功能。

● **工具面板（工具栏·工具设定之类）**
这次的例作中，有很多为了做出和风效果而自定义的画笔工具。保存这些改造过的画笔工具，也在这里进行。

用各种各样的技巧进行绘画

决定题材·构图，开始作画！

① 首先从人物的裸体开始描绘，并以此作为草图，画上人物的线稿。

❶ 启动SAI，从主菜单栏上选择"文件"→"新建文件"，建立新图像。

❷ 从"预设尺寸"中加入经常使用的画纸大小。这次使用的是B5。

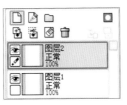

❸ 新建两个图层。

❹ 使用画笔工具"笔"，用自己能看清的粗细分别画上人物（图层1）和植物（图层2）。人物通常从裸体的线稿开始画起。

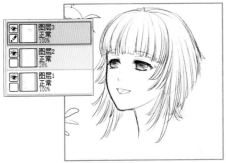

❺ 再建立一个新图层，将画有裸体人物的图层的不透明度下调至10%～30%，画上人物。因为是草图，因此将视图大小调整到25%～50%。

❻ 观察全体，将画修整平衡。

❼ 感觉脸部不太满意，因此进行了修改，这样就完成了草稿。

② 用带有渗透感笔触的画笔工具描绘出线条。

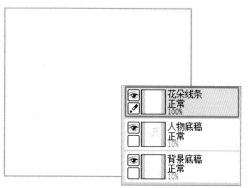

❷ 添加自定义画笔工具。首先在画笔工具栏空白方格内单击鼠标右键。

❸ 选择需要添加的画笔工具类型。

❶ 合拼"人物草稿"图层和"背景草稿"图层。将合拼后的图层的不透明度下调至10%，在这之上再建立一个图层用于线条的描绘。

❹ 双击添加后的自定义工具图标，就能打开"自定义工具设置"对话框。在这里对自定义工具进行命名。

❺ 这次的线条所使用的笔刷，是要做出类似用油墨在和纸上进行作画的效果。这个笔刷，是参考别人在web上所公开的设定而制做出来的。因为不依靠笔压也能变粗变细，因此可以画出非常有意思的线条。

根据扩散的强度，给人造成的印象也有所不同
例作为了能做出和风效果，因此对笔刷进行了设定。根据扩散的强度，可以做出接近毛笔的作画效果。

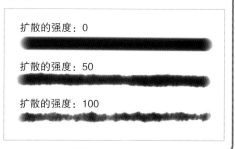

扩散的强度：0

扩散的强度：50

扩散的强度：100

❻ 首先从花朵开始绘画。为了迎合冬季和风的花朵，因此选择了山茶花。

❼ 在画实际存在的植物时，花朵和叶子的形状，花瓣的数目等，可以参照照片或者实际物体进行作画。为了将线条效果展现出来，笔刷设定得粗些。

❽从开始作画的部分，朝着四周慢慢扩大的方法进行绘画。

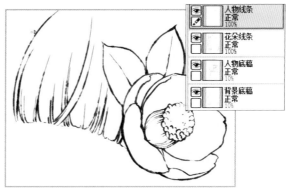

❾在"花朵线条"图层上建立"人物线条"图层，在这个图层上画出人物的线条。个人感觉从前发开始进行绘画比较容易掌握头部的比例，因此就按这种顺序进行作画。

❿脸部用较细的线条绘画。

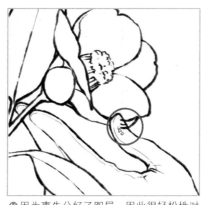

⓫因为事先分好了图层，因此很轻松地对超出范围的部分进行修改。

⓬线条完成了。

③用"油漆桶"工具，将人物和植物按照部分涂上底色。

❶将线条的人物图层和花图层，用图层分割出各个部分。在考虑如何区分图层时，图层的数量最好控制在不对今后修整造成麻烦的范围内。

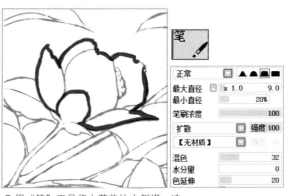

❷用"笔"工具将山茶花的内侧描一遍。

"油漆桶"工具的选区抽取

在使用"油漆桶"工具时，可以和"魔棒"工具一样选择选区抽取模式。在例作中使用的是"色差范围内的部分"。但是假如要从线条中选择上色的区域时，可以在线条图层上点选"指定选取来源"，然后在想要上色的图层上点选"透明部分（精确）"，最后再用"油漆桶"工具上色。这种方法也是可行的。

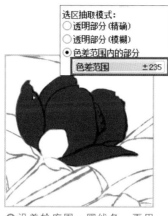

❸沿着轮廓围一圈线条，再用"油漆桶"工具对轮廓线内进行填充。这时将"色差范围"上调到接近最大值。将数值上调的话，可以让轮廓线和上色范围之间的间隙消失，将颜色饱满地填充进去。

❹将颜色相同的部分放在同一个图层内进行上色。把每个部分用底色区分出来。

④ 用"保护不透明度"防止产生多余的部分，给山茶花加上阴影和高光。

❶在上色前，先把用上色分开的图层勾选"保护不透明度"。这样在图层上色以外的部分是无法进行作画的。因此可以无须担心产生多余的部分。

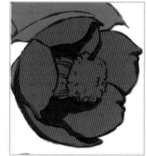

❷使用画笔工具"笔"涂上阴影。在这里涂上像动画上色的影子。

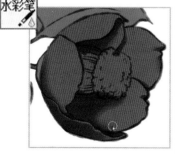

❸用"水彩笔"工具将阴影的边界进行模糊处理。

水彩笔

正常		
最大直径	x 1.0	20.0
最小直径		100%
笔刷浓度		100
【通常的圆形】		
【无材质】		
混色		25
水分量		15
色延伸		20
☑维持不透明度		
模糊笔压		50%

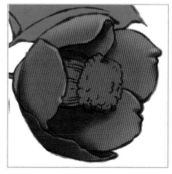

❹用画笔工具"笔"或者"喷枪"加入高光。

❺ 花蕊和线条一样，用画笔工具"笔"涂上。

❻ 用画笔工具"笔"给叶子涂上阴影之后，再用"水彩笔"工具将影子和周围的颜色混为一体。

❼ 将画面缩小显示，检查画面整体的平衡。

❽ 对于想表现出平静的感觉来说，颜色有点刺眼。因此用"滤镜"→"色相/饱和度"将颜色调灰。

❾ 再用"滤镜"→"亮度/对比度"，将对比度下调些。

❿ 给树枝也涂上阴影。

⑤ 给山茶花上添加积雪，表现出季节感。

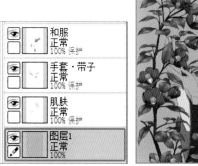

❶ 为了便于作画，在最下面新建一个图层。在这个图层临时涂上背景颜色。

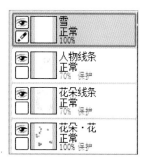

❷ 在线条图层上新建"雪"图层。

❸ 使用在119页的线条所使用的"和纸笔"，将笔刷的"最大直径"调高进行上色。这样就能画出刚刚积累上去的柔软的积雪。

❹ 根据树枝的形状，对容易积雪的部分，画上较多的积雪。

❺ 添加上积雪之后，植物周围的部分就画好了。

用各种各样的技巧进行绘画

⑥ 开始给头发上色。在涂上阴影之后，用"发光"图层加入高光。

❶ 在头发的图层上新建一个图层，混合模式选择"发光"。

❷ 勾选"剪贴图层蒙板"。

❸ 在头发图层上用"水彩笔"工具简单地画上阴影。

❹ 接下来，在步骤1准备的"发光"图层上，涂上高光。

❺ 降低"发光"图层的不透明度至20%。

❻ 从主菜单栏中选择"图层"→"向下转写"，或者从图层面板上直接点击"向下转写"的图标。这样的话，依照蒙板画好的高光部分就会剪贴到"头发"图层上。因为转写后的图层会变成透明状态，因此再次画出高光部分进行重叠。画好之后，再次向"头发"图层转写。

❼ 当遇到需要进行细微的操作时，使用"向下转写"就可以在不增加图层数的情况下进行细微的调整。

色相 ———————— +1
饱和度 ———————— -2
明度 ———————— -3

❽ 高光过于强烈，因此稍微降低了亮度。

⑦ 给肌肤和眼睛上色。画上阴影，同时注意不要让阴影的对比过于强烈。

❷ 考虑到今后还要加入高光，因此底色选用比高光的颜色稍微深点的颜色。

❶ 从主菜单栏中选择"图层"→"填充图层"，用底色填充肌肤。

❸ 阴影用画笔工具"水彩笔"涂上。

❹ 用深一点的颜色涂上更深的阴影。

❺ 用比步骤4中还要深的颜色画上最深的阴影部分。为了体现出和风，因此作画时不能让明暗的差距过于剧烈。

用各种各样的技巧进行绘画

❼ 画上白目和白目的阴影。

❽ 眼珠和睫毛使用和头发相同的颜色。用"吸管"工具从头发上提取颜色进行作画。

❻ 眼睛也在肌肤上色的图层上进行绘画。这么做是为了容易涂出眼睛周围的柔和感。

❾ 使用和头发的阴影相同的颜色，给眼珠的上方也加上阴影。

❿ 加入高光。

| 图层2 发光 40% |
| 肌肤 正常 100% 保护 |

⓫ 在"肌肤"图层上建立一个混合模式为"发光"的图层，加入高光。

⓬ 脸颊和嘴唇添加粉红色，这样就大致完成了。

⑧ **画出皮革手套和手套下的蕾丝造型。**

❶本来想使用米色的，但是还是使用了茶色进行作画。这是为了表现出手套并不艳丽的皮革质感。

❷基本上，和给花朵进行上色时是一样的。沿着手套褶皱部分的边缘加上高光，就能体现出立体感。

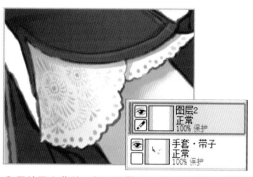

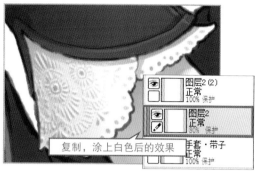

❸ 开始画上蕾丝。加入阴影后，在上面新建一个图层，用"笔"画出蕾丝的花纹。

❹ 复制花纹的图层，全部涂上白色。将这个图层稍微往右上偏移点，可以看见凹凸不平的高光，这样就体现出了刺绣的立体效果。

⑨ 给外套以及和服上色。和服的花纹用画笔工具"笔"进行描绘。

❶ 将外套涂成黑色。虽说是黑色，但是也并不是纯粹的黑色，而是使用偏向黑色的茶黑色。

❷ 建立混合模式为"发光"的图层，在右上角隐约加入点光照，左下角稍微调整黯淡些。

❸ 给和服上色。在画和服的花纹时虽然很麻烦，但是也十分的有趣。因此尽量不要使用市场上贩卖的花纹作为素材，亲自动手进行绘画。

❹ 首先用白色作为底色，并且加上阴影。

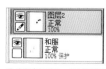

❺ 新建图层，用笔刷形状为"平笔"的画笔工具涂出擦痕般的图案。

⑥ 将透明度下降到可以看清线条的
程度。同样也使用改造过的画笔工具
"笔平笔",在擦痕般的图案上加入
一道道白色细小条纹。

⑦ 将图层的不透明度调回100%。选择"图层"→"亮度→
透明度"。这样,越接近白色的部分越透明,因此有颜色的
部分会变成深浅不同的灰色。

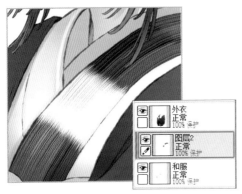

⑧ 将多余的部分清除之后锁定不透明度,添
加上红色。做出白色加红色加黑色的花纹。

⑨ 用相同的顺序将其他部分也画上,花
纹图层的混合模式选择"正片叠底"之
后,与和服图层合拼。

⑩ 画面看起来有些单调。因
此做出"覆盖"图层,将肩
膀周围变得明亮些。

⑪ 带子指定为紫色,脖
子周围的领口也加入花
纹。经过多次考虑,最
后决定尝试使用显得可
爱些的花纹。

⑫ 虽然很艰难才考虑
出花纹的组合,但是在
画和服时也感到十分有
趣。

⑬ 根据季节画上花朵的图案也不错,但
是利用颜色来表达季节感也是可以的。我
的想法是用白色加黑色来体现冬天的柔和
感,然后使用红色进行点缀。

⑩ 使用"覆盖"图层，给外套添加山茶花的图案。

❶ 新建图层，画上山茶花的轮廓。

❷ 再在上面新建一个图层，使用黑色画出山茶花轮廓内的线条。

❸ 按住"Ctrl"键单击步骤2的图层图标。这样用黑色画出的线条部分就会被选中。在做出选取范围后删除步骤2的图层。

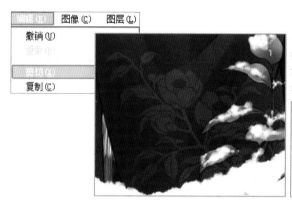

❹ 选择在步骤1里画有山茶花图案的的图层，然后按"Ctrl+X"或者是点击"编辑"→"剪切"。沿着步骤2里所画的轮廓线的部分就会被剪切出来，变成透明部分。然后用混合模式"覆盖"，在调整好颜色深度之后和"外衣"图层进行合拼。

⑪ 用自制画笔工具给背景上色，给树木画上白色的轮廓。

❶ 在最下层建立新图层。

❷ 用能画出手绘风格的自制画笔工具，做出"墨水没干透的效果"。并且依照从右上方的白色，到左下方的深色这种渐变方式，给背景进行上色。

正常	▲ ▲ ◢ ■
最大直径	x 1.0 350.0
最小直径	100%
笔刷浓度	60
扩散	强度 50
【无材质】	强度 95

用各种各样的技巧进行绘画

❸ 使用绘画线条时所使用的画笔工具，用白色画出树木的轮廓作为背景。这样就表现出了在冬天里被积雪包裹的枯树枝的景象。但是要注意如果画得过于细致，会掩盖眼前需要表现的风景，因此只要画出大概的样子就行。

❹ 将画面缩小，观察整体的平衡并进行修改。修改高光或者阴影之类的细节部分时，有时候可以发现忘记上色的地方。修改完毕后基本的上色就结束了。

⑫ 描边，利用"画纸质感"加上材质效果。

❶ 描边，让人物更加醒目。先隐藏背景，除此之外的图层通过"图层"→"合并可见图层"进行图层的合并。为了便于今后的修改，最好在图层合并前先将文件用其他的文件名进行保存，留下随时可以进行修改的合并图层前的文件。

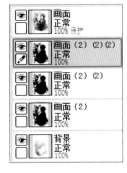

❷ 为了尽量保持住半透明的雪或者线条部分的不透明度，复制在步骤1合拼的图层，然后用黑色填充。

❸ 做出3个填充好的图层，然后进行合拼。这样透明的部分就会变成不透明。

❹ 按住"Ctrl"键点击在步骤2做好的图层，选中线条部分。然后重复点击"选择"→"扩大选区1像素"3次，扩大选中的范围。

❺ 用茶黑色填充扩大的选中范围。解除选中状态后，就成功地做出了粗粗的描边线条。

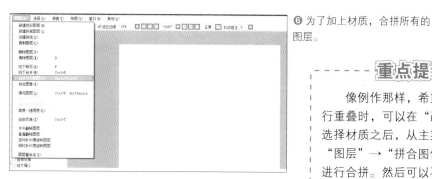

❻ 为了加上材质，合拼所有的
图层。

❼ 用"画纸质感"加入和纸纤维。再用自制
的或者是下载的素材，进行不断地重叠直到出
现满意的效果。

重点提示

　　像例作那样，希望多种材质进
行重叠时，可以在"画纸质感"中
选择材质之后，从主菜单栏中选择
"图层"→"拼合图像"，将图层
进行合拼。然后可以再从"画纸质
感"中选择材质叠加上去。

向下转写（R）
向下合拼（M）
合拼可见图层（C）
拼合图像（F）

❽ 画纸的质感也带有和风的感觉，这样作品就完成了。

绘画 / 文章：眉毛

这里是重点！（绘画时需要掌握的技巧和要点）

这次例作的主题，是使用绘画软件 SAI "展现出动作"的绘画技巧。

使用 SAI 进行绘画时，有两件事情是比较重要的。其一是掌握基本工具的使用，另一个是避免失去动力的前提下保持愉悦的心情进行作画。在本次例作中，除了介绍基本的作画方法之外，还会尽力介绍一些有意思的绘画技巧。那么，请多指教了。

画板的画面（作画时控制面板·窗口之类的配置）

左侧放置"颜色·工具相关面板"，右侧放置"图层相关面板"。

在右上角的"导航器"，显示了图层的缩略图，还可以在画面放大时移动所要显示的范围等，拥有多种功能。因此稍微将右边面板的宽度扩大些。画面的分辨率为 1920×1080。

● **图层相关面板**

在图层面板上半部分的"画材效果"里，可以对画纸的质感进行设定，添加上纸张表面那种杂乱的效果。在这次的作品中，混合模式为"发光"的图层也会经常被用到。

画纸质感	水彩1
倍率	【无质感】
	水彩1
画材效果	水彩2
	画布
程度	画纸
混合模式	围襟

● **工具相关面板**

画笔工具的更改·设定都在这里进行。除了对笔压进行了设定以外，都没有进行特别的修改，使用默认状态的"铅笔"或者"喷枪"工具进行绘画。

笔者所使用的数位板是 Intuos3。可以通过驱动程序中的属性对 SAI 的快捷键进行设定。通过这些快捷键，就可以按照自己的绘画习惯进行"作画""消除""整理"等操作。

● **快捷键设定**

Z（Ctrl+Z 取消操作）

N（画笔工具铅笔的快捷键）

E（橡皮擦工具的快捷键）

用各种各样的技巧进行绘画

考虑题材和构图开始作画！

① 让构思在脑海中成熟，决定好主题之后动笔画出草图。

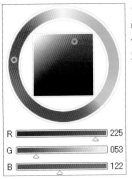

❶ 使用默认的"铅笔"工具进行作画。为了保持有足够的动力，因此使用喜欢的颜色来绘画线条。我喜欢的颜色是饱和度较高的粉红色。

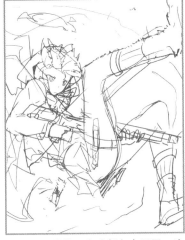

❷ 想象并画出小红帽架好散弹枪，射击之后的姿势。

❸ 每幅画的构图方法都各有不同，这次是从头部开始决定人物的位置。为了不让灵感消失，背景之类的可以稍后添加。

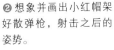

❹ 在画有人物草图的图层下面，新建一个"正常"图层，用底色画出轮廓。

❺ 涂出轮廓后，轮廓变成充满底色的状态。只要画好轮廓的素描，服装的褶皱之类的即便粗乱地画上，也能表现得很自然。关于素描的练习，可以在平时多做些人物写生之类的练习，来掌握轮廓的画法。

重点提示

素描的练习

素描的练习，推荐从写生开始。写生无须对细节进行描绘，只需要在短时间内捕捉对象的轮廓，进行绘画。画好一幅写生的时间通常在十分钟以内，通过数量的累积让自己熟能生巧吧。而且用这种方法，还能得到观察事物的能力。

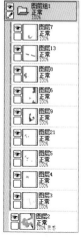

❼ 新建图层组，将暂时涂好颜色的服装等图层放入其中。各个图层的颜色之后用"滤镜"→"色相/饱和度"进行调整。

❻ 不要使用纯黑作为线条的主要颜色。通过"滤镜"→"色相/饱和度"，可以在任何时候对颜色进行调整，便于做出多种色调的线条。

❽ 上好底色的各部分的图层，全部勾选"剪贴图层蒙板"。因为决定"丝袜从最初就被撕破！"。因此使用带着肌肤颜色的"橡皮擦"工具，将丝袜的底色擦去。

❾ 给背景加上颜色。因为太暗，所以下调了不透明度。然后新建图层，在小红帽的后方画出全身都是弹孔，被消灭的狼人。

❿ 调整画面的整体色调。先暂时将背景隐藏起来。为了表现逆光效果，建立一个填充了紫色的，混合模式为"正片叠底"的图层。然后勾选"剪贴图层蒙板"，将不透明度下调为43%。

⓫ 在右上方的图里所做出的图层，下面建立一个填充满淡淡的桃色，"不透明度"为33%的"正常"图层。并勾选"剪贴图层蒙板"。

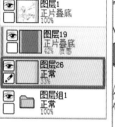

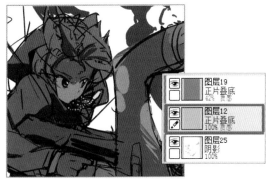

⑫ 使用混合模式为"阴影"的图层，添加上阴影。因为是草图，所以只需要粗略地画上。为了体现出夜晚的感觉，因此影子稍微偏蓝。

⑬ 为了让色调表现得更加丰富些，添加底色为绿色，混合模式为"正片叠底"的图层。因为感觉颜色过于强烈，因此将不透明度下调至73%。

⑭ 在图层面板的上半部分，修改"画材效果"中的画纸质感。从下拉菜单中选择"水彩2"。根据使用方法可以做出不错的杂乱效果。在步骤10做好的"正片叠底"图层也进行同样的修改。

② 做出燃烧的火焰、弥漫的硝烟、散落的雪花、反射的光线之类的各种效果。

重点提示

烟雾或者雪这类的自然现象，通常情况下都是使用写实的手法进行绘画。但是我认为，为了体现出帅气的画面，使用一些夸张变形的方式进行绘画也是不错的。因此请尽量进行些尝试。请务必参考带有卡通效果的作品中所使用的夸张手法。

❶ 绘画出最显眼的红色光照效果。让这个效果横穿画面，并且表现出四处飞溅的样子。

❷ 然后用不透明度为35%的，混合模式为"正常"的图层来画上雪花。想象出雪雾一般的景象，使用"喷枪"工具逐渐涂上去。

❸ 从枪口冒出的硝烟、弹壳的轨迹、吐露的气息……这些，都在下调了不透明度的"通常"图层上进行绘画。先把这些基本的都做好，后面的工作就会变得非常有趣吧。

❹ 感觉画面整体偏暗了些，因此用填充了蓝色的"覆盖"图层重叠上去。做出从雪花反射出来的光线。

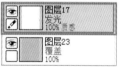

❺ 火光或者烟雾、雪花所表现出来的特殊效果，这些都在混合模式为"发光"的图层上进行绘画。

❻ 闪光！反射的高光也在混合模式为"发光"的图层上绘画。

❼ 最后画上蓝色的眼睛和沾着红色液体的头巾，结束草图的绘画。以这个图层作为基础，对整个画面进行修整。

重点提示

正常图层

发光图层

"正常"和"发光"图层的比较
对于我来说，图层的混合模式"发光"是非常重要的功能，甚至可以说是SAI最有价值的地方。虽然要注意因为使用过多而出现发光效果的滥用，但是在"正片叠底"图层上所使用的"画材效果"和"发光"图层的配合是非常完美的，在作画时经常会使用到。

完成草图之后就进入了线条阶段。终于开始正式作画了！

① 线条。保持顺势而下的状态，画出带有跳动感的线条。

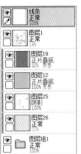

❶ 新建图层开始绘画线条。下调草稿的"线条"图层和图层组的不透明度，其余的全部隐藏。

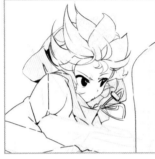

❸ 因为手的颤抖而无法画好线条时，通过修改抖动修正的数值后再进行绘画吧。顺便说下，虽然这次的绘画开启了笔压的识别，但是在不需要表现强弱的部分可以关闭笔压识别，轻松地进行绘画。

❷ 注意动作的走向画上线条。无须在意线条是否完整。

❹ 用全面涂抹的方式加上阴影，以做出激烈感为目标。

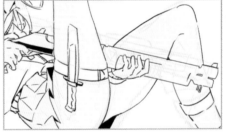

❺ 调查了一下枪械方面的资料，对通过想象所画出的枪的草图进行了修改。下次要在画草图之前就将资料准备好。但是因为这么做也给画上衣夹克预留了空间，从结果上看还算成功。

② 上色。配合底色，在对线条进行修改的同时进行上色。

❶ 将已经涂好"底色"的图层和线条进行对比，修整。

❸ 混合模式为"阴影"的图层上所做出的阴影，在清除之后再重新画上。考虑阴影的位置也是一件不容易的事情。从平时开始通过速写对素描进行练习，或者参考其他人的作品来进行研究吧。

❷ 隐藏在丝袜下的肌肤，也要认真地涂上颜色。

❹ 暂时将所有的图层都显示出来。阴影是否还有遗漏，和光线相对的位置是否过度而造成失真，是否过密等，对这些进行检查和调整。

❻ 对枪的颜色和影子的颜色有点在意，因此进行了细微的修改。

❺ 给弹壳也涂上颜色。因为是刚刚旋转着弹出来，因此用粗犷的手法画上残像。

③ 运用图层的混合模式，画出光线效果和烟雾。

❶ 将已经画好的硝烟作为基础进行绘画。

❷ 在"正常"图层画上白色烟雾之后，将不透明度进行下调。

❸ 补充从弹壳中散出弥漫的硝烟。

❹ 渐渐地表现出烟雾缭乱的景象。

喷枪

❻ 接下来画狼人。不需要体现出焦点，为了表现出消散的感觉，因此使用"喷枪"工具进行绘画。

❺ 对紧贴着的大腿有点在意，因此在"丝袜"图层上试着加入了点红色。这样一来就会稍微柔和一些吧。

口腔

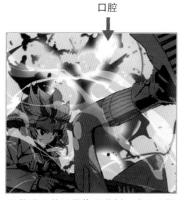

图层41
发光
100%

图层40
覆盖
100%

图层14
正常
100%

❽ 合拼这些新建一个"发光"图层，将人物的图层组作为蒙板。用粉红色画出逐渐向后延伸的光线。

❼ 将狼人的图层作为蒙板，在上面添加混合模式为"覆盖"的图层和"发光"图层。从"覆盖"图层的左侧开始添加黑色的暗影，在"发光"图层上让枪伤部分和口腔发亮。

❾ 显示在草图阶段做好的"发光"图层，进行调整。画出胸前的小牌子。这肯定是从猎人那里得到的。

⑩ 在这里对人物的色调进行调整，给画面加上由于雪花的漫反射所造成的光线效果。将填充紫色的图层的混合模式从"正片叠底"更改为"覆盖"。

⑪ 眼睛的图层也显示出来，选择"发光"图层。然后画上挥洒的汗水和随风飘扬的头发。

④ 接下来，是需要将画面进行不断的调整的阶段。因为画面已经被大致区分为几个部分，因此保持轻松的心情继续作画吧。

❶ 给枪和小物品加上高光。在这些细节上稍微进行修改，效果的好坏会立刻体现出来。

❷ 为了让夹克显得更硬派些，因此改成了黑色。在战斗中造成的各处散乱的伤痕和脸部的擦伤也画上去，并且对烟雾的角度进行了调整。

❸ 画出溅出的鲜血和长靴的阴影，并且添加夹克的色差。根据这些，将短裙的颜色也进行修改。女孩子的服装还真是难画啊。

④对烟雾的形状再进行调整。然后为了体现出枪械的金属感，用全面涂抹的方式画上阴影，并且加上高光。这样是不是感觉挺不错呢？（保持这种想法也是很重要的！）

⑤这里再琢磨下光线的形状。虽然已经感到比较满意了，但是还是大幅修改了下。头发和小牌子的项链，以及表情之类的都进行了细微的调整。在173页中涂好蓝色的"覆盖"图层也显示出来，对整个画面进行修改。

⑦将图层组作为蒙板，再新建一个"发光"图层，使用画笔工具"喷枪"画上光线。

⑧感觉"发光"图层上的颜色过于艳丽，因此进行调整。顺便降低狼人的发光强度。这时图层也累积到了一定的数量，因此将"图层文件夹"进行合拼，变为一个图层。

⑥加深下方蓝色发光部分的颜色，做出夜晚的感觉。

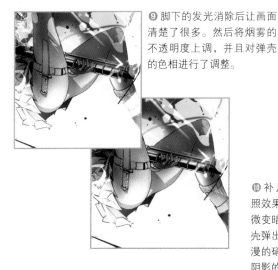

⑨脚下的发光消除后让画面清楚了很多。然后将烟雾的不透明度上调，并且对弹壳的色相进行了调整。

⑩补足红色的光照效果，让背景稍微变暗些。沿着弹壳弹出的轨迹所弥漫的硝烟也不够明显，因此将烟雾的图层作为蒙板，添加阴影的暗色，最后合拼图层。

⑤ 进入最后的调整。再建立图层，对光线特效和色调进行调整。

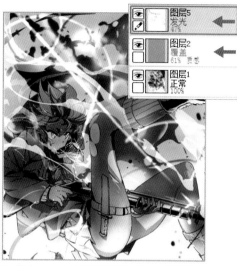

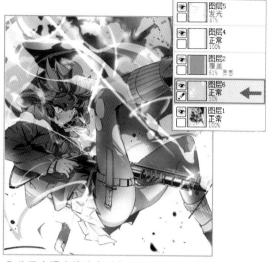

❶ 将在上一页合拼好的图层上，分别建立"覆盖"和"发光"图层。用"覆盖"图层将画面的对比度表现出来，用"发光"图层画出受到光照而造成反射的烟雾和眼睛。

❷ 为了表现出镜头和对象之间的氛围，新建一个"正常"图层后涂上黄绿色，将不透明度下调至10%。细微的尘埃也添加上。

❹ 新建"正常"图层，这次在上面添加上粉红色。不透明度设置为9%。加入暖色之后，就能让画面的色调更丰富。

❸ 再新建一个"正常"图层，用"喷枪"在上面画上雪雾。不透明度设定为20%。为了表现出在上面的黄绿色图层的层次感，将黄绿色图层的混合模式更改为"覆盖"。

❺ 使用"喷枪"工具，在混合模式为"阴影"的图层上，给脸部周围和身体等想要表现阴影的地方添加点粉红色。

❻ 可以看出画面已经变得很生动了。虽然就这样也不错，但是为了做出最初所构想的戏剧性的月下一幕，所以进行了最后的调整。

❼ 将上一页步骤1做好的"覆盖"图层的颜色往蓝色方向调整。然后再用粉红色的"发光"图层叠加上去。这样就做出了因为月光照射到周围的积雪，所造成的反光。

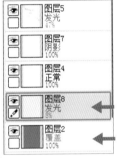

重点提示

在练习作品的构思时，我经常做的事情就是，将脑海中的一部分动画画面提取出来。利用这种方法得到的构思就能想象出带有动作感的构图。

这次的设定是"年幼时，祖母遭到狼人袭击而亡的小红帽在历经与猎人一起的修行生活之后，消灭了狼人"。像这种带有"柔情和硬派并重"的故事背景，还真是让人热血沸腾啊。像这样一边想象故事一边进行绘画，会让作画变成一件十分有趣的事情。

❽ "是这个！要的就是这个效果！！"，在感受到内心的呼唤之后，本次的作画就完成了！辛苦了！

★ 提示 ★

自制材质的添加

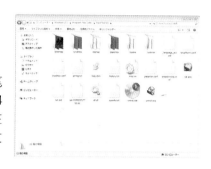

SAI的材质大致可分为"笔刷材质""笔刷渗透效果""画纸质感""笔刷形状"这4类。并且可以给这4类自制材质进行添加。在添加材质时，必须要打开电脑里的SAI安装文件夹"Paint Tool SAI"。

●希望添加笔刷材质时

brushtex
brushtex文件夹

brushtex.conf
brushtex.conf

添加自定义笔刷材质时，首先将 bmp 文件放 brushtex 文件夹下。然后用"记事本"打开 brushtex.conf 文件，在上面添加"1.brushtex\ 文件名 .bmp"。

★关于自制的 bmp 文件
准备好灰度 bmp 图像。可以使用的大小为"256×256""512×512""1024×1024"(单位：pixel)。

●希望添加画纸质感时

papertex
papertex文件夹

papertex.conf
papertex.conf

添加自定义的画纸质感时，首先将自制的 bmp 文件放入 papertex 文件夹下。然后用"记事本"打开 papertex.conf 文件，在上面追加"1.papertex\ 文件名 .bmp"。

★关于自制的 bmp 文件
准备好灰度 bmp 图像。可以使用的大小为"256×256""512×512""1024×1024"(单位：pixel)。

●希望添加笔刷渗透效果时

blotmap
blotmap文件夹

brushform.conf
brushform.conf

添加自定义笔刷渗透效果时，首先将自制的 bmp 文件放入 blotmap 文件夹下。然后用"记事本"打开 brushform.conf 文件，在上面添加"1.blotmap\ 文件名 .bmp"。

★关于自制的 bmp 文件
准备好灰度 bmp 图像。可以使用的大小为"256×256""512×512""1024×1024"(单位：pixel)。

●希望添加笔刷形状时

elemap
elemap文件夹

brushform.conf
brushform.conf

添加自定义笔刷形状时，首先将自制的 bmp 文件放入 elemap 文件夹下。然后用"记事本"打开 brushform.conf 文件，在上面添加"2.elemap\ 文件名 .bmp"。

★关于自制的 bmp 文件
添加笔刷形状而使用的图像，有着和其他三个不同，独特的制作方法。具体方法是，在大小为 63×63(pixel) 的 bmp 图像中，用 RGB 为 0.0.0 的黑色打上最多 64 个点。

用各种各样的技巧进行绘画

作品

3 利用简易浓淡处理做出华丽的效果

绘画 / 文章：古斯多夫

这里是重点！（绘画时需要掌握的技巧和要点）

虽然动画涂色是一种非常有魅力的上色手法，但是在画单幅的插画作品时，有时会希望表现更多的质感。如果使用类似传统动画上色那样的，无法表现立体感的动画涂色来表现出更加丰富质感时，必须要使用浓淡处理（利用阴影做出立体感的手法）。这对于初学者来说是一件困难的事情。因此本次例作就对如何运用浓淡处理，在不直接动手绘画的前提下，让动画上色变得更加华丽，做出理想的插画作品。那么，接下来就请放轻松听我详细解说吧。

预备知识：不使用动画涂色也能做出华丽的效果

所谓动画涂色，就是利用"底色"＋"阴影"来表现色彩的上色方法。而"简易浓淡处理"，是在"底色"上利用色调的渐变，产生明暗间的对比。因此，利用"简易的浓淡处理"，就可以"无须动手上色"，做出更丰富的质感。这就是这个上色手法的主要目的。

● 通常的动画涂色

底色

阴影

通常的动画涂色

● 简易浓淡处理

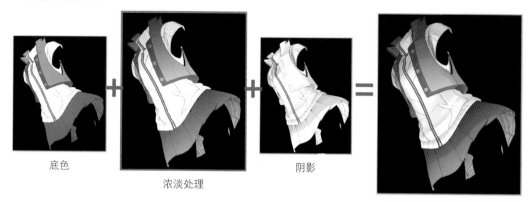

底色

浓淡处理

阴影

使用相同的阴影但是质感提升

用各种各样的技巧进行绘画

•••••••••••••••••••••• 使用了"简易浓淡处理"的动画上色法的流程 ••••••••••••••••••••••

在这次的手法中所使用的颜色只有两种。这两种颜色分别是对上色部分进行上色时使用的"原始颜色"和上色部分添加阴影时所使用的"阴影颜色"。因为阴影颜色是由调整"原始颜色"得到的,因此首先决定"原始颜色"吧。

在这个讲座中,"透明—黑暗"的"渐变"图层是经常使用到的。讲座中使用的文件可以到web站点(http://books.ascii.jp/)上进行下载。无法用Photoshop制作的读者,请务必使用。

文件名:gmap.psd

❶ 使用原始颜色涂上底色。将涂好底色的图层命名为"底色图层"。

❷ 接下来将"底色"图层的颜色更改为阴影颜色。虽然使用滤镜对亮度进行调整是最简单的方法,但是如果对阴影的色调掌握得比较深刻的话,直接用新的颜色涂上也是可以的。

❸ 将准备好的"渐变"图层文件gmap.psd用SAI打开,复制粘贴到"底色"图层上层。配合上色部分的形状,从"图层"菜单中选择"自由变换",对大小和位置、角度进行调整。

❺ "渐变"图层上新建一个图层,并勾选"剪贴图层蒙板"。然后在上面涂上阴影颜色。

❻ 这个图层是用来表现光线色彩的,因此命名为"光照"图层。

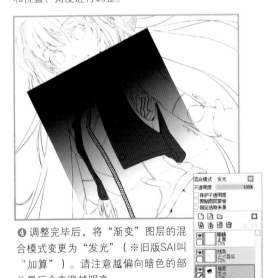

❹ 调整完毕后,将"渐变"图层的混合模式变更为"发光"(※旧版SAI叫"加算")。请注意越偏向暗色的部分最后会变得越明亮。

❼ 在这之后,合拼"光照"图层和"渐变"图层,并勾选"剪贴图层蒙板"。

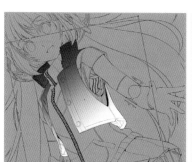

从上方照射的光线

从下方照射的光线

❽ 将结合好的"渐变图层"进行变换,就可以在已经上色的情况下对光源的位置进行改变,非常的便利。

❾ 利用两个互补色加在一起会变成无色的原理,将"底色"图层和"光照"图层的色相偏移180°。这样,就能让底色在保持饱和度的情况下,以无色的方式做出明暗变化。

将色相的滑块移向一端,就能让色相180°改变,变成原来颜色的补色

❿ 使用这种方法,亮度和饱和度都会变高。因此有时候会让蓝黑色的头发和薄樱色的衬衫这些接近白色和黑色的颜色,因为饱和度上调过高而失真。

重点提示

对"渐变"图层的色相进行调整的话,就可以将绿色光源或者红色光源之类的表现出来。颜色较为明亮的情况下使用渐变效果容易造成曝光现象,因此在填充"光照"图层时应该使用较暗的颜色。反过来阴暗的情况下使用较为明亮的颜色就能正常显示。熟练掌握这些之后,请多进行些尝试吧。

林中,水中时候的表现

夕阳照射时候的表现

用各种各样的技巧进行绘画

考虑题材·构图开始作画！

因为是想做出"简单易懂的构图 + 表现出丰富的质感"的作品，于是准备画出以机械女孩为主的插图。按照这个构思，画出草图。

在草图阶段，是无须在意细节的，只需要将注意力集中在构图的均衡上就行。

对于角色来说，将脸部作为视线的焦点是很重要的，因此要注意构图要以脸部的位置为主。

① 将脸部作为视线的焦点，并且以此来决定构图的平衡。按照从粗略的草图，到精细的线稿的步骤进行绘画。

❶ 用头部和散开的头发所组成的三角形，来获取构图的平衡。

❷ 依照两条在脸部交汇的中心线，画出展开的双手。身体也按照一定的透视比例进行绘画，让人们的视线自然而然地往脸部集中。

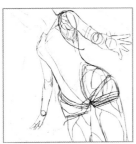

❸ 草图完成后就开始绘画线稿。单独对胴体进行加工，在这之后设计出合适的服装。

❹ 虽然拥有人类的外表，但是关节等部分却不是人类的构造。利用这种反差表现出"不协调感"。为了让各个部分更加生动，因此分别画出胴体和服装，即便是看不到的地方也要详细画出来。

② 参考线稿，将线稿加工成线条。

❶ 新建图层，对照线稿进行作画。眼睛在画好之后也要经常调整位置，因此画在另外的图层上。

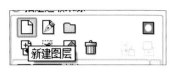

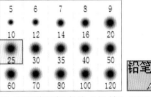

❷ 使用稍微粗点的"铅笔"工具。因为在SAI的钢笔图层上无法做出曲线，因此人物和机械部分全都在没有束缚的"正常图层"上进行线条的绘画。

❸ 描绘一遍之后，对线条繁乱的部分、各部分之间的间隙以及各部分重叠的地方进行补足。这样不仅能分清各部分的界限，还能利用线条体现出层次感。

❹ 较厚的衣服还有金属、合成树脂之类的部分，可以沿着边缘画出双重线条来体现厚度感。

③ 给各个部分涂上底色，进行上色部分的区分，为上色作好准备。在决定好光源之后，根据光照添加合适的色彩。

❶ 为上色作准备，将各个部分涂上底色进行区分。最好使用差异较为明显的颜色进行上色。

❷ 上色完毕后，勾选"保护不透明度"。

❸ 确定光源的位置吧。这次的作品，光线是从脚下照射上来的，按照这个方向添加色彩。

用各种各样的技巧进行绘画

④ 给肌肤上色。用手绘的方式，对拥有复杂表面的人体进行浓淡处理。

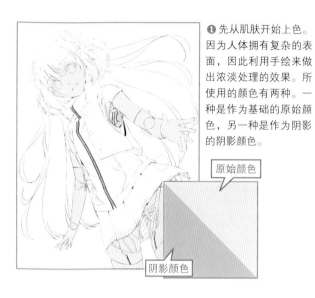

❶ 先从肌肤开始上色。因为人体拥有复杂的表面，因此利用手绘来做出浓淡处理的效果。所使用的颜色有两种。一种是作为基础的原始颜色，另一种是作为阴影的阴影颜色。

原始颜色

阴影颜色

❷ 在图层上涂好底色之后，用"铅笔"工具添加阴影颜色。

❸ 对整体进行上色之后，用画笔工具"水彩笔"将原始颜色融入颜色的边界线上，让光亮部分和阴影部分的交接变得更平滑些。

❹ 如果感到阴影过于模糊，或者不够细腻，就使用阴影色补足。在阴影部分中有凸出的部分，可以使用原始颜色添加光亮。在这里，沿着鼻子边沿的阴影，一直到眼睛上方做出明暗差异，就能让脸部的立体感显现出来。

❺ 眼睛、嘴唇之类的部分只需要简单的涂色区分开之后，脸部的浓淡处理就结束了。将"水彩笔"工具的笔迹刻意留在各处，让表面更加突出。

正常		▲ ▲ ▲ ■
最大直径	x 1.0	160.0
最小直径		0%
笔刷浓度		100
【通常的圆形】	强度	50
【无材质】	强度	95
混色		20
水分量		14
色延伸		11
☐ 维持不透明度		
模糊笔压		10%
☑ 详细设置		
绘画品质	4（品质优先）	
边缘硬度		0
最小浓度		0
最大浓度笔压		100%
笔压 硬<=>软		96
笔压：☑浓度 ☑直径 ☑混色		

❻ 这就是经常使用的"水彩笔"工具的设定。将"混色""水分量""色延伸""模糊笔压"稍微下调些再使用。不要让水彩过于模糊，设定成可以留下画笔印迹的话会更加便于使用。

❼ 为了表现出手腕和脚部之类的，筒状结构上的光照效果，阴影的添加方法和动画上色有点不同。首先在圆筒的中间部分使用阴影颜色涂上一条线，然后往光线照射不到的方向延伸。

❽ 在受光线照射的表面上画上阴影的边沿，然后朝着光线照射不到的方向渐渐减淡阴影，这样就能做出筒状的感觉。

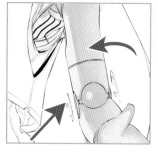

❾ 按照这个方法将全身的肌肤都进行浓淡处理。接下来就按照动画上色的方法再涂上阴影吧。

❿ 在"底色"图层的上一层新建一个图层（"阴影"图层），用白色填充后，混合模式选择"正片叠底"。

⓫ 在SAI里，存在着水彩在透明的图层上容易变混浊这一特性。因此在使用"正片叠底"图层时，基本上都要先用纯白色进行填充。请记住这一点。

⓬ 无论本体有几种颜色，影子基本上也只使用这两种颜色。用稍微偏蓝点的灰色来画影子是最合适的。使用时以较为明亮的为主，较暗的用于"比通常的影子更暗的暗影"。

⓭ 使用"铅笔"或者"水彩笔"工具，在各部分的重叠处画上阴影。因为只是点缀，因此无须厚重地进行上色。

⓮ 完成了肌肤的上色。

用各种各样的技巧进行绘画

⑤ 利用"渐变"图层，在添加明暗效果的同时给眼睛上色。

❶ 新建图层，在新图层上用较为明亮的颜色给眼睛上色。（"眼睛"图层）

❷ 将"渐变"图层粘贴在"眼睛"图层上，并根据眼睛的位置，对位置和大小进行调整。在这之后勾选"剪贴图层蒙板"。

❸ 新建一个混合模式为"正片叠底"的图层，并勾选"剪贴图层蒙板"。在这里，使用阴影颜色，对瞳孔和边缘颜色较深的部分进行描绘。

❹ 再新建图层，画上眉毛和睫毛。

❺ 最后加上高光就结束了。涂有高光的图层建立在线条图层之上。

⑥ 使用"简易浓淡处理"，给服装上色。

❶ 给白色的上衣涂色。设定好的基本色（原始颜色）属于无彩色，因此阴影所使用的阴影色要和周围的光线相反。这次的光源使用的是蓝—绿色调的光。因此上衣的阴影色就要使用其互补色，偏红色系的灰色。

原始颜色

阴影颜色

❷ 粘贴上"渐变"之后，一边注意脚下的光源一边变形。混合模式变更为"发光"。

❸ 建立"光照"图层并勾选"剪贴图层蒙板"。这次服装的颜色比较明亮，因此用于填充"光照"图层的颜色要比阴影颜色稍微暗些。

④ "光照"图层和"渐变"图层合拼。因为过于偏红,因此用"色相/饱和度"往无色方向调整。"渐变"图层的颜色,按照底色的互补色关系进行调整。

⑤ 为了给服装上色(蓝色部分),新建一个图层并且勾选"剪贴图层蒙板",混合模式变更为"正片叠底"。在这里追加颜色的话就能节省进行浓淡处理的次数。

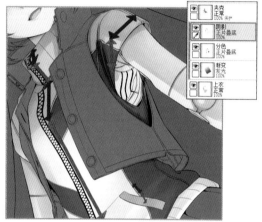

⑥ 新建一个"正片叠底"图层并勾选"剪贴图层蒙板"。在这里用"水彩笔"工具画上阴影。因为阴影是由物体对着光源时,物体表面的角度来决定的,因此要注意哪个面朝着哪个方向。

⑦ 重复相同的方法,就结束了服装的上色。

⑦ 用"简易浓淡处理"给头发上色。

❶ 使用阴影色填充"底色"图层。因为头发是带点蓝色的黑发,所以使用的是接近黑色的深蓝色。并非是完全的黑色是这里的重点。

阴影颜色

❷ 粘贴上"渐变"图层。

❸ 合拼"光照"图层和
"渐变"图层。合拼之
后的图层勾选"剪贴图
层蒙板"。

❹ 新建一个混合模式为
"正片叠底"的图层，
在这上面画上阴影。对头
发，头发之间的缝隙，以
及边缘添加阴影。如果头
发的阴影不太模糊的话，
就能让画面更有层次感。

❺ 使用界线的方式给飘散在后
方的头发添加阴影的话，会是
一件很烦琐的事情。因此只需
要使用"水彩笔"，用较为柔
和的方式进行上色吧。

⑧ 丰富各种各样的质感表现，让作品更加华丽。

❶ 内侧的骨骼可以参考常见的机械制品，然后按照可
动机械部件上面套上一层橡胶长靴的样子进行绘画。像
这样利用身边常见的物品让各个要点都丰富起来，就能
轻松地做出真实感。

重点提示

不仅有服装和肌肤，画上金属和橡
胶之类各种各样的质感，可以让作品更
加丰富。虽然这里并不使用渐变而是直
接用手绘的方式上色，但是所需要的颜
色还是只有2种。因为颜色的数量受到
了限制，因此需要把更多的精力集中在
作画上。

 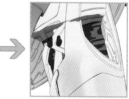

❷ 涂上底色之后，用阴影颜色画上阴影，再用"水彩笔"涂开，让阴影融入画中。之后加入高光。

❸ 接下来就是坚硬的银色金属部分。涂上底色之后，用阴影颜色画上阴影，再用"水彩笔"工具涂开，让阴影融入画中。

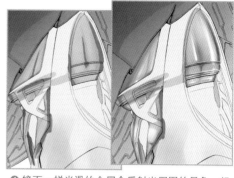

❹ 镜面一样光滑的金属会反射出周围的景象。根据这一特征，用黑色的灰影，将反射周围景象的样子表现出来，再用"水彩笔"工具涂开融入画中。在这之后，清晰地加入一道高光。

❺ 使用相同的手法，给黄铜色和钛金色部分也涂上颜色。

重点提示

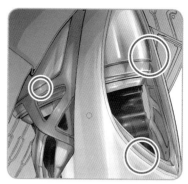

给金属制品添加高光的方法是很重要的。像上图那样，在边缘部分加上点反光，就能显得更加真实。

❻ 将各部分的图层都放入图层组中。然后在图层组的上一层建立一个新图层，在这上面画上阴影。在给坚硬部分添加阴影时，不需要进行模糊处理，用动画上色法清晰地涂上去就可以了。

用各种各样的技巧进行绘画

⑨ 用几何图形画出角色后面的背景。

❶ 这次是要做出类似SF那种，发着光的四边形方格围绕在女孩周围这样的背景。

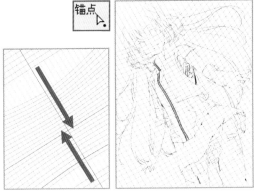

❷ 将事先准备好画有正方形"网格"的"钢笔"图层，配合角色的位置进行变换。红色的线条作为垂直的基准线，蓝色的线条作为水平的基准线。

❸ 使用"锚点"工具，按照横线和垂直基准线的交点上朝着水平基准线的方向，用鼠标将线条一根根地拖动，让线条之间的间隔渐渐变窄，这样就能依照垂直基准线做出围绕的格子。

❹ 将做好方格的图层点选"指定选区来源"。建立新图层，在上面使用"油漆桶"工具涂上绿色。

❺ 因为希望背景的光线是从下方照射上来，因此使用"渐变"图层添加上光线的渐变效果。

❻ 将"渐变"图层的混合模式变更为"发光"。然后在"渐变"图层上建立一个新图层，并勾选"剪贴图层蒙板"。这样，使用光线的颜色填充上去之后，就能做出背景光线的渐变效果。

⑩ 调整线条的颜色，添加上高光和脚下的光线。

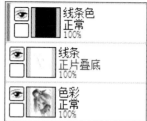

❶ 让线条的颜色融入画中。在线条的图层上面新建一个图层，然后勾选"剪贴图层蒙板"，直接使用"油漆桶"工具将想要改变的颜色填充上去。

❷ 用图层组整理好人物的图层，在文件夹上新建一个图层（混合模式为"发光"，并且勾选"剪贴图层蒙板"）。用水蓝色加入高光。发梢、金属、服装的边缘和指尖之类的地方加入高光后，更能体现高光的效果。

❸ 最后为了让背景和人物结合，在脚下的周边添加白色的发光效果。

❹ 对色调进行若干调整，完成整幅作品。